B. L. VAN DER WAERDEN · E. NIEVERGELT

TAFELN ZUM VERGLEICH ZWEIER STICHPROBEN MITTELS X-TEST UND ZEICHENTEST

TABLES FOR COMPARING TWO SAMPLES BY X-TEST AND SIGN TEST

SPRINGER-VERLAG
BERLIN · GÖTTINGEN · HEIDELBERG
1956

ISBN-13: 978-3-540-02102-5   e-ISBN-13: 978-3-642-94684-4
DOI: 10.1007/978-3-642-94684-4

ALLE RECHTE,
INSBESONDERE DAS DER ÜBERSETZUNG IN FREMDE SPRACHEN,
VORBEHALTEN

OHNE AUSDRÜCKLICHE GENEHMIGUNG DES VERLAGES
IST ES AUCH NICHT GESTATTET, DIESES BUCH ODER TEILE DARAUS
AUF PHOTOMECHANISCHEM WEGE (PHOTOKOPIE, MIKROKOPIE) ZU VERVIELFÄLTIGEN

© BY SPRINGER-VERLAG OHG. BERLIN · GÖTTINGEN · HEIDELBERG 1956

Vorwort

In allen experimentellen Naturwissenschaften hat man immer wieder Meßreihen miteinander zu vergleichen und festzustellen, ob ein etwa gefundener Unterschied größer ist als die rein zufällig zu erwartenden Unterschiede. In der Physik und Chemie sind die zufälligen Schwankungen der gemessenen Größen meistens nur durch Meßfehler bedingt, für die man das GAUSSsche Fehlergesetz annehmen kann. Hat man es aber mit lebenden Wesen zu tun, so treten Schwankungen auf, die im allgemeinen unbekannten Verteilungsgesetzen genügen. Läßt man die Annahme der Normalverteilung fallen, so werden auch die herkömmlichen Methoden der Fehlertheorie hinfällig und man ist auf *Anordnungsteste* (order tests) angewiesen, die nur die Anordnung der beobachteten Größen benutzen.

In neuester Zeit sind sehr gute Anordnungstests zum Vergleich zweier Stichproben entwickelt worden, insbesondere der X-Test und der Zeichentest. Um diese Tests bequem anwenden zu können, braucht man Tafeln, aus denen man die Verwerfungsschranken ablesen kann. Solche Tafeln sollen jetzt vorgelegt werden.

Um die Benutzung der Tafeln in andern Sprachgebieten zu erleichtern, wurden am Schlusse des Buches Anwendungsvorschriften in englischer Sprache beigegeben.

Zürich, März 1956

B. L. VAN DER WAERDEN
ERWIN NIEVERGELT

Inhaltsverzeichnis

	Seite
I. Theoretische Grundlagen	1
A. Der X-Test	1
B. Der Zeichentest	11
C. Die Berechnung der Tafeln	13
II. Anwendungsvorschriften	14
III. Tafeln	21
IV. Application of the tests	30

I. Theoretische Grundlagen

A. Der X-Test

Das Problem der zwei Stichproben

Man habe an g Versuchsobjekten die Werte $x_1, \ldots, x_g$ einer meßbaren Größe gemessen und unter anderen Bedingungen an denselben oder an h neuen Versuchsobjekten die Werte $y_1, \ldots, y_h$. Findet man nun, daß das Mittel der x

$$\bar{x} = \frac{1}{g}(x_1 + \cdots + x_g)$$

größer (oder kleiner) ausfällt als das Mittel der y:

$$\bar{y} = \frac{1}{h}(y_1 + \cdots + y_h),$$

so fragt es sich: Kann die gefundene Differenz rein zufällig sein, oder ist sie größer als die normalerweise durch Zufall sich ergebenden Differenzen, so daß die Zufallshypothese H_0 zu verwerfen ist?

Um diese Frage zu entscheiden, wurde bisher meistens STUDENTs Test angewandt[1]. Man nimmt dabei an, daß die $n = g + h$ Versuchsobjekte unabhängig normal verteilt sind mit gleicher Streuung. Nun bildet man

$$D = \bar{x} - \bar{y}$$

$$s^2 = \frac{1}{n-2}\left\{\sum(x - \bar{x})^2 + \sum(y - \bar{y})^2\right\}$$

$$S^2 = \left(\frac{1}{g} + \frac{1}{h}\right)s^2$$

und untersucht, ob der absolute Betrag des Quotienten

$$t = \frac{D}{S}$$

eine Schranke t_β überschreitet, die man aus einer Tafel abliest[2]. Die Schranke t_β hängt noch von der Irrtumswahrscheinlichkeit β ab, die man als zulässig betrachtet. Meistens wird $\beta = 0{,}05$ oder $0{,}01$ angenommen (Niveau 5% oder 1%). Weiter hängt die Schranke t_β von der „Zahl der Freiheitsgrade" $n' = n - 2$ ab. Die Schranke t_β ist so

---

[1] R. A. FISHER: Applications of Student's distribution. Metron 5, Nr. 3, p. 90 (1925).

[2] R. A. FISHER: Statist. Methods for Research Workers, Table IV, table of t.

berechnet, daß die Wahrscheinlichkeit, daß $|t|$ rein zufällig größer als t_β ausfällt, genau β beträgt, unter der Voraussetzung, daß die x und y mit derselben Streuung um denselben Mittelwert normal verteilt sind. Wendet man den Test *einseitig* an, indem man nur bei positivem t oder nur bei negativem t die Zufallshypothese H_0 verwirft, so ist die Irrtumswahrscheinlichkeit halb so groß.

Sind die beiden Voraussetzungen der Normalverteilung und der gleichen Streuung erfüllt, so ist STUDENTs Test sehr gut. Der einseitige Test ist sogar, wie J. NEYMAN und E. S. PEARSON (Phil. Trans. Roy. Soc. Lond., Ser. A **231**, p. 332) bewiesen haben, der kräftigste (most powerful) unter allen Tests mit der gleichen Irrtumswahrscheinlichkeit. Das heißt: die Wahrscheinlichkeit, daß ein positiver Unterschied zwischen den wahren Mittelwerten (population means) der x und y durch den Test aufgedeckt wird, ist beim t-Test größer als bei allen anderen Tests mit der gleichen Irrtumswahrscheinlichkeit.

Man hat es aber häufig mit Verteilungen zu tun, die stark von der Normalverteilung abweichen oder bei denen die Streuung der x sehr verschieden ist von der Streuung der y. In solchen Fällen verliert STUDENTs Test einen guten Teil seiner Kraft. Es gibt Fälle, in denen es für jeden unbefangenen Beobachter in die Augen springt, daß die x viel größer sind als die y, und in denen der Test trotzdem nicht zu einer Entscheidung führt. Im folgenden Beispiel sind die Zahlen erfunden, aber Ähnliches ist wirklich vorgekommen.

In einem Industriebetrieb wurden Wartezeiten gemessen, die sehr weit streuen, etwa:

11, 34, 13, 18.

Nach einer Reorganisation erhielt man kürzere Zeiten, die auch viel weniger streuen, etwa so:

8, 10, 7, 6.

Ob STUDENTs Test überhaupt anwendbar ist, ist sehr fraglich, denn es sieht so aus, als ob die Verteilungen nicht normal und die Streuungen ganz ungleich sind. Wendet man aber trotzdem den Test an, so führt er (zweiseitig angewandt, auf dem 5%-Niveau) nicht zu einer Entscheidung: der Quotient t beträgt nur 2,1 und die Schranke t_β nach der Tafel 2,4.

Rangtests

Man hat deshalb andere Testverfahren entwickelt, die nur von der Rangordnung der x und y abhängen und von der Annahme der Normalverteilung unabhängig sind. Man nennt sie *Rangtests* oder auch parameterfreie Tests.

In dem obigen Beispiel fällt es auf, daß alle y kleiner sind als alle x. Unter der „Nullhypothese" H_0, daß x und y in Wahrheit dieselbe

A. Der X-Test

Verteilungsfunktion haben, sind alle 70 Anordnungsmöglichkeiten wie

$$x\,x\,x\,x\,y\,y\,y\,y, \quad x\,x\,x\,y\,x\,y\,y\,y, \ldots$$

gleich wahrscheinlich. Die Wahrscheinlichkeit, daß alle x kleiner ausfallen als alle y oder umgekehrt alle y kleiner als alle x ist also unter der Hypothese H_0

$$\frac{2}{70} = \frac{1}{35} = 0{,}03.$$

Wenn also in diesen zwei Fällen die Hypothese H_0 verworfen wird, so ist die Wahrscheinlichkeit eines „Fehlers erster Art"[1] nur 3%. Hier haben wir also bereits einen ganz primitiven, intuitiv einleuchtenden Rangtest mit einer Irrtumswahrscheinlichkeit[2] von nur 3%. Beim oben behandelten Beispiel führt dieser Rangtest ohne weiteres zu einer Entscheidung, während STUDENTs Test glatt versagte.

WILCOXON[3] hat einen Rangtest vorgeschlagen, der auf der Abzählung der „Inversionen" beruht. Eine Inversion in einer Reihe wie $x\,x\,y\,x\,y\,\ldots$ liegt dann vor, wenn ein y früher kommt als ein x. Ordnet man z.B. die obigen 8 Wartezeiten $x_1, x_2, x_3, x_4, y_1, y_2, y_3, y_4$ nach aufsteigender Größe, so erhält man die Reihe

$$y\,y\,y\,y\,x\,x\,x\,x$$

mit 16 Inversionen, da alle vier y vor den vier x stehen.

WILCOXONs Test wird nun so angewandt: Sobald die Anzahl U der Inversionen (oder die Anzahl der Nichtinversionen) eine Schranke U_β übersteigt, wird die Hypothese H_0 verworfen zugunsten der Annahme, daß die x im allgemeinen größer (oder kleiner) sind als die y. Achtet man nur auf die Inversionen oder nur auf die Nichtinversionen, so hat man den einseitigen Test; achtet man auf beide, so hat man den zweiseitigen Test. Die Irrtumswahrscheinlichkeit ist beim zweiseitigen Test doppelt so groß wie beim einseitigen.

Bei normalen Verteilungen, wo STUDENTs Test der beste ist, ist WILCOXONs Test für große n fast so gut. Bei nicht normalen Verteilungen ist WILCOXONs Test sogar besser als STUDENTs Test. Bei kleineren n hat WILCOXONs Test aber den Nachteil, daß es häufig mehrere Anordnungen mit gleicher Inversionenzahl gibt. Man ist dann in einem Dilemma: Verwirft man die Hypothese H_0 bei dieser Inversionenzahl, so wird die Wahrscheinlichkeit eines „Fehlers erster Art"

---

[1] Ein „Fehler erster Art" ist das Verwerfen einer richtigen Hypothese. Ein „Fehler zweiter Art" ist das Nichtverwerfen einer falschen Hypothese.

[2] Die „Irrtumswahrscheinlichkeit" ist die Wahrscheinlichkeit eines Fehlers erster Art.

[3] F. WILCOXON: Individual comparisons by ranking methods. Biometrics Bull. **1**, p. 80 (1945). — MANN u. WHITNEY: Ann. of Math. Stat. **18**, p. 50 (1947).

zu groß. Verwirft man aber die Hypothese erst bei der nächstgrößeren Inversionenzahl, so wird die Wahrscheinlichkeit eines „Fehlers zweiter Art" unnötig groß, der Test also unnötig schwach[1].

Der X-Test

Der von van der Waerden[2] vorgeschlagene X-Test vereinigt alle Vorteile von Students und Wilcoxons Test ohne die Nachteile. Die Testgröße X wird folgendermaßen definiert.

Es sei
$$u = \Phi(z) = \frac{1}{\sqrt{2\pi}} \int_{-\infty}^{z} e^{-\frac{1}{2}t^2} dt$$

die bekannte normale Verteilungsfunktion. Ihre Umkehrfunktion sei Ψ:
$$z = \Psi(u).$$

Nun mögen die gemessenen Werte $x_1, \ldots, x_g$ und $y_1, \ldots, y_h$ nach steigender Größe geordnet werden. Jede von ihnen erhält so eine Rangnummer r, die von 1 bis n läuft. Man bildet die Summe

(1) $$X = \sum \Psi\left(\frac{r}{n+1}\right),$$

wobei nur über die g Beobachtungen x_j summiert wird. Wenn diese Summe X eine Schranke X_β überschreitet, wird die Hypothese H_0 verworfen. Die Schranke wird wieder so gewählt, daß die Wahrscheinlichkeit eines Fehlers erster Art höchstens β beträgt. Die Ψ-Werte werden zweckmäßig auf 2 Dezimalen abgerundet; den Effekt der Abrundung werden wir später diskutieren.

Für kleine n kann die Schranke X_β durch Abzählung aller möglichen Fälle exakt berechnet werden. Für große n ist X unter der Hypothese H_0 annähernd normal verteilt mit Mittelwert Null und Streuungsquadrat

(2) $$\sigma^2 = \frac{g h}{n-1} Q,$$

wobei

(3) $$Q = \frac{1}{n} \sum_{r=1}^{n} \Psi\left(\frac{r}{n+1}\right)^2$$

gesetzt ist.

In der zitierten Arbeit[2] wurde die asymptotische Normalverteilung für den Fall bewiesen, daß g klein bleibt gegen h oder h klein gegen g.

---

[1] Für Beispiele siehe B. L. van der Waerden: Order tests for the two-sample problem. Proc., Kon. Nederl. Acad. Wetensch. A **56**, S. 308, 310, 312 (1953).

[2] B. L. van der Waerden: Ein neuer Test für das Problem der zwei Stichproben. Math. Ann. **126**, S. 93 (1953).

Insbesondere gilt sie also, wenn g beschränkt bleibt. In seinem Referat dieser Arbeit in den Math. Rev. **15**, 46 hat G. E. NOETHER aber bemerkt, daß auf Grund eines Satzes von WALD und WOLFOWITZ die asymptotische Normalität auch für den Fall gilt, daß weder g noch h beschränkt bleibt[1]. Sie gilt also allgemein für $n \to \infty$.

Ausgerechnete Beispiele zeigen, daß bei kleinen g und h die Normalverteilung schon eine recht gute Annäherung für die exakte Schranke X_β gibt. Wir werden nachher sehen, wie die Näherung verbessert werden kann. Zunächst soll die Berechnung der exakten Schranke X_β an einem Beispiel erläutert werden.

Die Berechnung von X_β für kleine n

Es sei etwa $g = h = 5$. Als zulässige Irrtumswahrscheinlichkeit nehmen wir 2% beim zweiseitigen, 1% beim einseitigen Test.

Wenn die 5 Beobachtungen x und 5 Beobachtungen y nach aufsteigender Größe geordnet werden, erhält man eine Reihe wie

$$y\,y\,y\,y\,y\,x\,x\,x\,x\,x$$

oder

$$y\,y\,y\,y\,x\,y\,x\,x\,x\,x.$$

Es gibt 252 solche Anordnungen. Ein Prozent davon ist 2,52. Die zwei angeschriebenen Anordnungen haben die größten X-Werte, nämlich

$$X = \Psi\left(\frac{6}{11}\right) + \Psi\left(\frac{7}{11}\right) + \Psi\left(\frac{8}{11}\right) + \Psi\left(\frac{9}{11}\right) + \Psi\left(\frac{10}{11}\right) = 3{,}31$$

und

$$X = \Psi\left(\frac{5}{11}\right) + \Psi\left(\frac{7}{11}\right) + \Psi\left(\frac{8}{11}\right) + \Psi\left(\frac{9}{11}\right) + \Psi\left(\frac{10}{11}\right) = 3{,}09.$$

Der nächstkleinere Wert von X ist 2,85. Die Schranke für X muß also zwischen 2,85 und 3,09 gewählt werden, damit nur in 2 von 252 Fällen die Hypothese H_0 irrtümlich verworfen wird.

Die einfachste Wahl der Schranke ist

$$X_\beta = 3{,}00.$$

Dieser Wert wurde in Tafel 3 unter $n = 10$, $g - h = 0$, zweiseitig 2% eingetragen.

In dieser Weise wurden zunächst für $n \leq 15$ alle und für $n = 16, 17, 18$ und 20 einige Schranken X_β berechnet und mit der asymptotischen

---

[1] Der Beweis ist vollständig ausgeführt in der Amsterdamer Dissertation von D. J. STOKER: Oor 'n klas van toetsingsgroothede vir die probleem van twee steekproewe. Uitgeverij Excelsior, Den Haag 1955, Stelling 2.9, S. 40.

Formel

(4) $$X_\beta = f \cdot \left(\frac{gh}{n-1} \cdot Q\right)^{\frac{1}{2}} \quad \text{mit} \quad f = \Psi(1-\beta)$$

verglichen. Im erwähnten Fall $g = h = 5$, $\beta = 0{,}01$ ergab die Formel (4) ebenfalls $X = 3{,}00$. In höheren Fällen ($n \geq 12$), die sowohl exakt als nach (4) durchgerechnet wurden, ergab (4) jedesmal ein etwas zu großes X_β, d.h. eine unnötig kleine Irrtumswahrscheinlichkeit. Wir haben uns daher die Frage vorgelegt, ob die Formel (4) nicht verbessert werden könnte.

Verbesserung der asymptotischen Formel

Betrachten wir etwa den Fall $g = h = 5$. Die Größe X ist nach (1) eine Summe von 5 Gliedern

$$X = \sum \Psi\left(\frac{r}{n+1}\right) = z_1 + z_2 + z_3 + z_4 + z_5.$$

Für die einzelnen Glieder z_k kommen nach Tafel 2 die folgenden 10 Werte in Betracht:

$$z_k = \pm 0{,}11 \ \pm 0{,}35 \ \pm 0{,}60 \ \pm 0{,}91 \ \pm 1{,}34.$$

Wir haben die Wahrscheinlichkeit zu berechnen, daß die Summe von 5 willkürlich aus den 10 Möglichkeiten herausgegriffenen z_k größer als eine Schranke $z = X_\beta$ ausfällt. Oben war $z = 3{,}00$.

Nun ist es aber ohne weiteres klar, daß es für das Überschreiten oder Nichtüberschreiten der Schranke z ganz erheblich ins Gewicht fällt, ob unter den gewählten z_k die beiden Extremwerte $\pm 1{,}34$ vorkommen oder nicht.

In unserem Fall z.B. muß man, um über $z = 3$ oder auch nur über $z = 2$ hinauszukommen, unbedingt das Glied $+1{,}34$ in die Summe aufnehmen und das Glied $-1{,}34$ weglassen; denn die übrigen positiven z_k ergeben zusammen nur $1{,}97$. In der asymptotischen Formel (4) kommt die Diskontinuität, die durch die Wahl oder Nichtwahl der Extremglieder $\pm 1{,}34$ bedingt ist, nicht gut zum Ausdruck. Die asymptotische Formel stimmt gut für Summen von sehr vielen Gliedern, von denen jedes einzelne relativ klein ist; sie wird aber schlecht, wenn ein oder zwei überragende Glieder vorhanden sind. Man erhält daher eine bessere Näherung, wenn man die Extremglieder gesondert behandelt.

Im allgemeinen Fall seien

$$a_r = \Psi\left(\frac{r}{n+1}\right) \quad (r = 1, 2, \ldots, n)$$

die zur Auswahl stehenden Glieder. Unter ihnen wollen wir die beiden Extremglieder

$$a_1 = -a \quad \text{und} \quad a_n = +a$$

A. Der X-Test

besonders hervorheben. Die übrigen haben die Summe Null und die Quadratsumme

$$S' = (n-2)Q' = a_2^2 + a_3^2 + \cdots + a_{n-1}^2.$$

Wählt man aus diesen $a_2, \ldots, a_{n-1}$ eine Kombination von $g-2$ oder $g-1$ oder g Werten aus, so erhält man eine Summe X_{g-2} oder X_{g-1} oder X_g. Die Verteilungsfunktionen dieser Summen mögen durch GAUSS-Verteilungen

$$\Phi\left(\frac{z}{\sigma_2}\right), \quad \Phi\left(\frac{z}{\sigma_1}\right) \quad \text{und} \quad \Phi\left(\frac{z}{\sigma_0}\right)$$

angenähert werden. Die Mittelwerte sind immer Null, da die a_k paarweise entgegengesetzt gleich sind. Die Streuungsquadrate sind[1]

$$(5) \qquad \sigma_2^2 = \frac{(g-2)h}{(n-2)(n-3)} S',$$

$$(6) \qquad \sigma_1^2 = \frac{(g-1)(h-1)}{(n-2)(n-3)} S',$$

$$(7) \qquad \sigma_0^2 = \frac{g(h-2)}{(n-2)(n-3)} S'.$$

Um die Summe X zu erhalten, muß man zunächst zwei oder eine oder keine von den Extremwerten $\pm a$ wählen und dann noch $g-2$ oder $g-1$ oder g von den Zahlen $a_2, \ldots, a_{n-1}$. Wählt man alle beide oder keine von den Extremwerten $\pm a$, so ist ihre Summe Null, wählt man aber nur eine, so ergibt diese einen Beitrag $+a$ oder $-a$ zur Gesamtsumme. Die Wahrscheinlichkeit, beide oder die eine oder die andere oder keine zu wählen, ist

$$\frac{g(g-1)}{n(n-1)} \quad \text{oder} \quad \frac{gh}{n(n-1)} \quad \text{oder} \quad \frac{gh}{n(n-1)} \quad \text{oder} \quad \frac{h(h-1)}{n(n-1)}.$$

Also ist die Wahrscheinlichkeit, daß die Gesamtsumme $\leq z$ ausfällt, genähert gleich

$$F(z) = \frac{gh}{n(n-1)} \Phi\left(\frac{z-a}{\sigma_1}\right) + \frac{g(g-1)}{n(n-1)} \Phi\left(\frac{z}{\sigma_2}\right) + \frac{h(h-1)}{n(n-1)} \Phi\left(\frac{z}{\sigma_0}\right) + \frac{gh}{n(n-1)} \Phi\left(\frac{z+a}{\sigma_1}\right).$$

Der wichtigste Fall für die Anwendungen ist $g=h$. In diesem Fall ist $\sigma_0 = \sigma_2$ und man erhält

$$(8) \qquad 4F(z) = \frac{2g}{2g-1} \Phi\left(\frac{z-a}{\sigma_1}\right) + \frac{4(g-1)}{2g-1} \Phi\left(\frac{z}{\sigma_2}\right) + \frac{2g}{2g-1} \Phi\left(\frac{z+a}{\sigma_1}\right).$$

Der Unterschied zwischen σ_2 und σ_1 ist nur von der Größenordnung g^{-2}, also asymptotisch zu vernachlässigen. Die drei Koeffizienten rechts in (8) sind asymptotisch 1, 2 und 1. So erhält man aus (8)

$$(9) \qquad 4F(z) \sim \Phi(w-b) + 2\Phi(w) + \Phi(w+b)$$

---
[1] Siehe Math. Ann. **126**, S. 101, Formel (35).

mit

(10) $$w = \frac{z}{\sigma_1} \quad \text{und} \quad b = \frac{a}{\sigma_1}.$$

In (9) und (10) sind b und σ_1 bekannt. Ersetzt man in (9) links $F(z)$ durch den gewünschten Wert $1-\beta$, so kann man aus der Gleichung

(11) $$4(1-\beta) = \Phi(w-b) + 2\Phi(w) + \Phi(w+b)$$

die Unbekannte w auflösen und hat dann nach (10)

(12) $$X_\beta = z - \sigma_1 w.$$

Die Formeln (11) und (12) ergeben eine bedeutend bessere Näherung als die frühere Formel (4), die auf der einfachen Normalverteilung beruhte. Für $g=h=10$ und $\beta=0{,}005$ erhält man aus (4) die grobe Näherung $X_\beta \sim 5{,}14$, aus (12) die viel bessere $X_\beta \sim 4{,}99$ und aus der exakten Rechnung $X_\beta = 4{,}94$. Durch die verbesserte Näherung ist der Fehler auf etwa $\tfrac{1}{4}$ seines Betrages reduziert. Dasselbe findet man in anderen Fällen.

Für $g=h$ ist die Rechnung nach (11) sehr einfach. Um auch für $g \neq h$ brauchbare Werte zu erhalten, braucht man nur den Wert von X_β für $g=h=\tfrac{n}{2}$ mit $\tfrac{2}{n}\sqrt{gh}$ zu multiplizieren.

Vergleich mit STUDENTs Test

Wenn man annimmt, daß die x und y normal verteilt sind mit derselben Streuung und mit Mittelwerten a und 0 (Hypothese H_a), so kann man den X-Test mit STUDENTs Test vergleichen. Unter der *Teststärke (Power)* versteht man die Wahrscheinlichkeit, daß der Test zu einer Entscheidung, d.h. zum Verwerfen der Hypothese H_0 führt. Die Teststärke ist eine Funktion von a. Für positive a hat der einseitige Test von STUDENT unter allen möglichen Tests mit Irrtumswahrscheinlichkeit $\leq \beta$ die größte Teststärke. In der zitierten Annalenarbeit wurde jedoch bewiesen, daß für feste g und $n \to \infty$ der X-Test asymptotisch die gleiche Stärke hat wie STUDENTs Test. Man verliert also fast nichts an Teststärke, wenn man den X-Test anwendet. Das gilt unter Annahme der Normalverteilung und der gleichen Streuung. Ist diese Annahme nicht erfüllt, so hat der X-Test manchmal eine viel größere Teststärke als STUDENTs Test. Für Beispiele siehe die früher zitierten Arbeiten von VAN DER WAERDEN, Math. Ann. **126**, S. 106 und Proc. Kon. Nederl. Akad. A **56**, S. 311.

Der Einfluß der Abrundung

Die Abrundung der Glieder von X auf 2 Dezimalstellen gibt Anlaß zu einem zufälligen Fehler in X, der aber auf den Mittelwert von X keinen und auf die Verteilungsfunktion von X nur wenig Einfluß hat.

A. Der X-Test

Die Abrundungsfehler in den einzelnen Gliedern der Summe (1) seien $e_1, \ldots, e_g$, der exakte Wert der Summe sei X und der durch die abgerundete Rechnung erhaltene Wert $X' = X + E$ mit $E = e_1 + \cdots + e_g$.

Die Abrundungsfehler sind nicht unabhängig. Die Summe aller $\Psi\left(\dfrac{r}{n+1}\right)$ ist nämlich Null und die Summe der abgerundeten Werte auch, daher ist die Summe aller e_r (von $r = 1$ bis n) Null. Die Abrundungsfehler kompensieren sich also in höherem Grade als unabhängige rein zufällige Abrundungsfehler es tun. Wenn wir nun die Streuung von E trotzdem so berechnen als ob die einzelnen $e_1, \ldots, e_g$ voneinander unabhängige zufällige Größen wären, so wird das Ergebnis vermutlich etwas zu groß werden; wir bleiben also auf der sicheren Seite.

Der einfachen Rechnung halber nehmen wir g als klein im Vergleich mit h an. Die Varianz von X ist

$$\sigma_X^2 = \frac{gh}{n-1} Q.$$

Für große n ist Q fast Eins und h fast gleich $n-1$, wir können also in einer rohen Abschätzung σ_X^2 gleich g setzen. Die Varianzen der einzelnen Abrundungsfehler sind $\frac{1}{12} \cdot 10^{-4}$; die Varianz von E ist also

$$\sigma_E^2 = \frac{g}{12} \cdot 10^{-4}.$$

Die Streuung von E ist also äußerst klein gegen die von X. Die fast normale Verteilung von X wird also durch die Abrundung nicht erheblich geändert. Dasselbe gilt auch dann, wenn g und h dieselbe Größenordnung haben.

Der Fall gleicher Beobachtungen

Wenn einige x_j und einige y_k zusammenfallen, so sind die Rangnummern dieser x_j und y_k nicht eindeutig bestimmt. Es fragt sich nun, wie in diesem Fall X zu berechnen ist.

Um die Gedanken zu bestimmen, nehmen wir an, daß etwa x_1, x_2 und y_3 zusammenfallen:

$$x_1 = x_2 = y_3.$$

Es gibt dann $3! = 6$ mögliche Anordnungen der drei Symbole $x_1 x_2 y_3$. Für jede von ihnen kann man X berechnen. So erhält man die möglichen Werte $X_1, X_2, \ldots, X_6$.

Eine Möglichkeit wäre, durch das Los zu entscheiden, welcher von den 6 Werten $X_1, \ldots, X_6$ genommen werden soll. Tut man das, so ist man sicher, daß die Irrtumswahrscheinlichkeit des Tests kleiner oder gleich β bleibt.

Eine andere Möglichkeit ist, aus den sechs möglichen Werten X das Mittel zu bilden:

$$\overline{X} = \frac{1}{6}(X_1 + X_2 + \cdots + X_6).$$

Tut man das, so wird, wie wir gleich sehen werden, die Streuung von $\overline{X}$ etwas kleiner als die von X. Das hat zur Folge, daß in den meisten Fällen die Irrtumswahrscheinlichkeit etwas kleiner wird. Dieses Verfahren ist vorzuziehen.

Im allgemeinen Fall, wo etwa $x_1, \ldots, x_a$ und $y_1, \ldots, y_b$ einander gleich sind, hat man für alle $(a+b)!$ möglichen Permutationen von $x_1, \ldots, x_a$ und $y_1, \ldots, y_b$ die Summe X zu bilden und das Mittel zu nehmen. Stehen für $x_1, \ldots, x_a$ und $y_1, \ldots, y_b$ die Rangnummern r, $r+1, \ldots, r+c-1$ ($c = a+b$) zur Verfügung, so ist der Beitrag, den $x_1, \ldots, x_a$ zu X geben, gleich

$$(13) \quad B(r_1, \ldots, r_a) = \Psi\left(\frac{r_1}{n+1}\right) + \Psi\left(\frac{r_2}{n+1}\right) + \cdots + \Psi\left(\frac{r_a}{n+1}\right).$$

Dabei sind $r_1, r_2, \ldots, r_a$ irgend a von den c Nummern $r, r+1, \ldots, r+c-1$. Diese $B(r_1, \ldots, r_a)$ hat man für alle möglichen $r_1, \ldots, r_a$ zu bilden und das Mittel zu nehmen. Das erste Glied der Summe (13) nimmt die Werte $\Psi\left(\frac{r}{n+1}\right)$, $\Psi\left(\frac{r+1}{n+1}\right)$, $\Psi\left(\frac{r+c-1}{n+1}\right)$ an, jeden gleich oft; das Mittel aus diesen Werten ist $\frac{1}{a+b}S$, wobei S die Summe

$$S = \Psi\left(\frac{r}{n+1}\right) + \Psi\left(\frac{r+1}{n+1}\right) + \cdots + \Psi\left(\frac{r+c-1}{n+1}\right)$$

bedeutet. Die übrigen Glieder rechts in (13) geben alle im Mittel den gleichen Beitrag wie das erste Glied. Insgesamt erhält man also für das Mittel aus allen $B(r_1, \ldots, r_a)$

$$(14) \quad \overline{B} = \frac{a}{a+b} \cdot S.$$

Genau so sind alle anderen Beiträge zu $\overline{X}$ zu bilden, falls es noch mehr Gruppen gleicher x und y gibt.

Diese Regel zur Bildung von $\overline{X}$ soll im folgenden zugrunde gelegt werden.

Wird X wie oben durch das Los bestimmt und $\overline{X}$ durch Mittelung, so gilt der Satz: *Der Erwartungswert von $\overline{X}$ ist gleich dem von X und die Streuung von $\overline{X}$ ist kleiner oder gleich der von X.*

Beweis. Es seien $A_1, A_2, \ldots, A_t$ alle möglichen „Fälle" der Anordnung der x_j und y_k. Dabei ist ein „Fall" durch die Angabe der Relationen größer, kleiner oder gleich zwischen den x_j und y_k gekennzeichnet. Ein „Fall" ist z.B.

$$x_2 < y_1 < x_1 = x_3 = y_2 < \cdots.$$

Wenn in jedem dieser Fälle durch das Los eine Reihenfolge der gleichen x_j und y_k bestimmt wird, so zerfällt der Fall A_h in die $m(h)$ Unterfälle A_{hi}, wobei alle A_{hi} die gleiche Wahrscheinlichkeit erhalten. Ist p_h die Wahrscheinlichkeit des Falles A_h, so ist die Wahrscheinlichkeit des Unterfalles A_{hi} gleich

$$p_{hi} = \frac{p_h}{m(h)}.$$

In jedem Unterfall A_{hi} hat X einen bestimmten Wert X_{hi}. Das Mittel aus diesen Werten (für ein festes h) ist der Wert von $\overline{X}$:

$$\overline{X}_h = \frac{1}{m(h)}(X_{hi} + X_{h2} + \cdots + X_{h,m(h)}).$$

Wir setzen nun

(15) $$X - \overline{X} = Z.$$

Aus der Definition von $\overline{X}$ folgt, daß der bedingte Erwartungswert von Z in jedem Fall A_h gleich Null ist. Also ist auch der Erwartungswert von Z schlechthin Null:

$$\boldsymbol{E}Z = 0.$$

Daraus folgt die erste Behauptung

(16) $$\boldsymbol{E}X = \boldsymbol{E}\overline{X}.$$

Aus (15) und (16) folgt

$$(X - \boldsymbol{E}X) = (\overline{X} - \boldsymbol{E}\overline{X}) + Z.$$

Quadriert man das und bildet den Erwartungswert, so erhält man das Quadrat der Streuung

(17) $$\sigma_X^2 = \sigma_{\overline{X}}^2 + 2\boldsymbol{E}\{(\overline{X} - \boldsymbol{E}\overline{X})Z\} + \boldsymbol{E}(Z^2).$$

Das zweite Glied rechts ist Null, weil in jedem einzelnen Fall A_h der bedingte Erwartungswert von $(\overline{X} - \boldsymbol{E}\overline{X})Z$ Null ist. Das dritte Glied rechts ist positiv oder Null, also folgt

(18) $$\sigma_X^2 \geq \sigma_{\overline{X}}^2.$$

X ist genähert normal verteilt. Nimmt man nun an, daß $\overline{X}$ ebenfalls genähert normal verteilt ist, so folgt, daß die Wahrscheinlichkeit, daß $\overline{X}$ eine gewisse Schranke X überschreitet (oder nicht überschreitet), kleiner ist als die Wahrscheinlichkeit, daß X dieselbe Schranke überschreitet (oder nicht überschreitet), sofern diese Wahrscheinlichkeit kleiner als $\frac{1}{2}$ ist. Das bedeutet: die Wahrscheinlichkeit eines Fehlers erster Art ist beim Gebrauch von $\overline{X}$ kleiner als beim Gebrauch von X, und die Wahrscheinlichkeit eines Fehlers zweiter Art ist für $\overline{X}$ ebenfalls kleiner als für X, sofern sie für X kleiner als $\frac{1}{2}$ ist.

Diese Aussagen gelten zwar nur genähert und bedingt, aber sie legen es doch nahe, das Mittel $\overline{X}$ dem durch das Los bestimmten X vorzuziehen.

B. Der Zeichentest

Wenn man eine Größe x an g Versuchsobjekten gemessen und dann unter geänderten Bedingungen an denselben Versuchsobjekten wieder gemessen hat, so kann man aus den Meßergebnissen x_j und y_j die Differenzen $x_j - y_j$ bestimmen. Wenn jedes y_j dieselbe Verteilungsfunktion hat wie das entsprechende x_j (das ist die Nullhypothese H_0), so ist die Wahrscheinlichkeit, daß die Differenz $x_j - y_j$ positiv ist, gleich groß wie die, daß sie negativ ausfällt. Man wird also erwarten, daß von den n Differenzen $x_j - y_j$, die nicht Null sind, ungefähr die Hälfte positiv und die Hälfte negativ sein wird. Mit Hilfe der Binomialverteilung für $p = q = \frac{1}{2}$ kann man Vertrauensgrenzen k und $n - k$ bilden, zwischen denen die Anzahl der positiven Differenzen vermutlich liegen wird. Liegt sie außerhalb der Vertrauensgrenzen, so wird man die Hypothese H_0 verwerfen. Das ist der *Zeichentest*: er achtet nur auf die Vorzeichen ($+$ oder $-$) der Differenzen $x_j - y_j$.

Der Zeichentest ist sehr alt. Er wurde schon von J. ARBUTHNOTT angewandt[1]. J. HEMELRYK[2] hat gezeigt, daß die Differenzen Null am besten außer Betracht bleiben.

Bei einseitiger Anwendung verwirft man die Hypothese H_0 nur dann, wenn die Anzahl der positiven Differenzen größer als $n - k$ ist, oder nur dann, wenn sie kleiner als k ist. Die Irrtumswahrscheinlichkeit ist dann nur die Hälfte.

Als zulässige Irrtumswahrscheinlichkeiten beim zweiseitigen Test sollen wieder die Werte

$$2\beta = 5\%, \ 2\%, \ 1\%$$

zugrunde gelegt werden. Die Irrtumswahrscheinlichkeiten beim einseitigen Test sind dann

$$\beta = 2\tfrac{1}{2}\%, \ 1\%, \ \tfrac{1}{2}\%.$$

Die Schranke k ist die kleinste Zahl, für welche die Summe

$$\binom{n}{0} + \binom{n}{1} + \cdots + \binom{n}{k} \tag{19}$$

größer als $\beta \cdot 2^n$ ausfällt.

Der Zeichentest kann immer dann angewandt werden, wenn aus einer Stichprobe $z_1, \ldots, z_g$ entschieden werden soll, ob der Zentralwert (mode) der z-Verteilung gesichert von Null verschieden ist. Ist der wahre Zentralwert Null, so sind die positiven und negativen z-Werte gleich wahrscheinlich. Ist die Anzahl der positiven z kleiner als k oder größer als $n - k$, so wird die Hypothese, daß der Zentralwert Null ist, verworfen. Man nennt diesen Test auch *Mode Test*.

---

[1] J. ARBUTHNOTT bemerkt, daß nach dem Geburtenregister der Stadt London während 82 Jahren (1629—1710) jedes Jahr mehr Knaben als Mädchen geboren wurden. Die Wahrscheinlichkeit, daß das durch Zufall geschehen würde, ist „near an infinitely small quantity". Er schließt dann weiter: „From hence it follows that it is Art, not Chance, that governs" [Phil. Trans. **27** (1710)].

[2] J. HEMELRYK: A Theorem on the Sign Test. Proc., Kon. Akad. Wetensch. Amsterdam A **55**, S. 322 (1952).

C. Die Berechnung der Tafeln

Die Tafeln 1, 2 und 4 für die Ψ-Funktion sind aus K. PEARSON, Tables for Statisticians I, Table I berechnet. Tafel 2 wurde mittels der Tafel X von FISHER and YATES, Statistical Tables, kontrolliert.

Tafel 5 betrifft die Größe

$$(20) \qquad Q = \frac{1}{n} \sum_{r=1}^{n} \Psi^2\left(\frac{r}{n+1}\right).$$

Sie wurde für alle $n \leq 49$ sowie für $n = 54, 55, 63, 79, 99, 124$ und 199 exakt berechnet, sodann für alle $n \leq 150$ nach der von K. STREBEL[1] bewiesenen asymptotischen Formel

$$(21) \qquad Q \sim 1 - \frac{2}{n} \ln n + \frac{1}{n} \ln \ln n.$$

Es zeigte sich, daß die asymptotische Formel für n zwischen 50 und 150 genügend genau ist. Abweichungen zeigen sich erst in der vierten Dezimalstelle, während wir nur zwei Dezimalen brauchen. Die Hinzufügung des von STREBEL berechneten Zusatzgliedes

$$(22) \qquad -\frac{1}{n} \ln \frac{\pi}{e}$$

ergab keine Verbesserung. Für $n = 199$ erhält man aus der asymptotischen Formel ohne Zusatzglied 0,9552, mit Zusatzglied 0,9545, während der genaue Wert 0,9549 beträgt.

Wenn jemals Werte für $n > 150$ gebraucht werden, können sie aus der asymptotischen Formel ohne weiteres berechnet werden.

Tafel 3 gibt die Schranke für X, bei deren Überschreitung die Hypothese H_0 verworfen wird. Die Tafel wurde auf die Fälle mit $n \leq 50$ und $|g-h| \leq 5$ beschränkt, die für die praktische Anwendung am wichtigsten sind. Für $n \leq 15$ sind alle Schranken X_β exakt berechnet. Für $n \geq 18$ wurden die Schranken zunächst nach den asymptotischen Formeln (11) und (12) berechnet; sodann wurden die Schranken für $g = h$ und $n = 16, 18$ und 20 exakt berechnet und mit der asymptotischen Formel verglichen. Dabei ergab sich, daß für $2\beta = 0,05$ die exakt berechneten Werte regelmäßig verlaufen und sich gut an die asymptotisch berechneten Werte anschließen; daher konnten die fehlenden 5%-Schranken ohne weiteres interpoliert werden. Für $2\beta = 0,02$ und $0,01$ war der Verlauf etwas weniger glatt; daher wurden für $n = 16$ und 17 die 2%- und 1%-Schranken exakt berechnet. Nun ergab sich ein regelmäßiger Verlauf der berechneten Werte von $n = 16$ bis $n = 20$, so daß

---

[1] K. STREBEL: Asymptotische Entwicklung einer Summe. Math. Ann. **127**, S. 401 (1954).

die noch fehlenden Schranken für $n = 18$, 19 und 20 interpoliert werden konnten. Um sicher zu gehen, wurden die interpolierten Werte immer nach oben abgerundet. Die so ermittelten Schranken schlossen sich im Fall $2\beta = 0{,}02$ gut an die asymptotisch berechneten Schranken für $n \geq 20$.

Für $2\beta = 0{,}01$ konnte ein glatter Anschluß erreicht werden, indem die asymptotisch berechneten Werte für $n > 20$ um den kleinen, schnell abnehmenden Betrag

$$0{,}04 \cdot \left(\frac{20}{n}\right)^2$$

herabgesetzt wurden. Die herabgesetzten Schranken wurden sicherheitshalber wieder nach oben abgerundet. Anders ausgedrückt: Von $n = 21$ bis 23 wurden die Zahlen um 0,03, von 24 bis 28 um 0,02 und von 29 bis 40 um 0,01 vermindert. Es ist anzunehmen, daß die Irrtumswahrscheinlichkeit des Testes mit den so berechneten Schranken immer oder fast immer $< \beta$ ist.

Tafel 6 enthält die Vertrauensgrenzen k und $n - k$ für die Anzahl der positiven Differenzen im Zeichentest. Dabei ist k die kleinste Zahl mit der Eigenschaft

$$\binom{n}{0} + \binom{n}{1} + \cdots + \binom{n}{k} > \beta \cdot 2^n.$$

Für β wurden wieder die Werte $2\tfrac{1}{2}\%$, 1% und $\tfrac{1}{2}\%$ genommen, entsprechend den zweiseitigen Irrtumswahrscheinlichkeiten 5%, 2% und 1%. Die Grundlage für die Tafel wurde im Mathematischen Centrum, Amsterdam berechnet und für die Publikation freundlichst zur Verfügung gestellt. Der Leitung der Statistischen Abteilung des Centrums gilt unser wohlgemeinter Dank.

II. Anwendungsvorschriften

Experimentelle Voraussetzungen

Man habe an g Versuchsobjekten die Werte $x_1, x_2, \ldots, x_g$ einer physikalischen (oder sonst irgendwie meßbaren) Größe gemessen. Nun wird in den Versuchsbedingungen ein Faktor geändert und an h weiteren Versuchsobjekten (oder an denselben g Objekten) werden die Werte $y_1, \ldots, y_h$ (oder $y_1, \ldots, y_g$) derselben physikalischen Größe gemessen. Man will wissen, ob die y im Mittel wesentlich größer oder kleiner als die x sind, oder ob die gefundenen Abweichungen nur von der Art sind, wie sie auch rein zufällig entstehen können.

Es kann auch vorkommen, daß man die x und y nicht messen, sondern nur vergleichen kann. Man kann z.B. einer Versuchsperson Zeichnungen vorlegen und sie fragen, welche Zeichnung ihr am besten, am zweitbesten, ..., am wenigsten gut gefällt. Auch in solchen Fällen können die hier zu besprechenden Tests angewandt werden, weil für die Tests nur die Rangordnung der x und y eine Rolle spielt.

Nimmt man zuerst g Versuchsobjekte und dann h *neue* Versuchsobjekte, so ist der X-*Test* anzuwenden. Nimmt man aber *dieselben* g Versuchsobjekte, so daß jedes x_j mit dem *entsprechenden* y_j verglichen werden kann, so kann man den *Vorzeichentest* anwenden.

Die Versuchsobjekte müssen nach einem Schema ausgewählt werden, das jede willkürliche oder unwillkürliche Bevorzugung der x oder der y ausschließt. Beim X-Test ist es günstig, abwechselnd ein x und ein y zu messen, etwa nach dem Schema

$$x\,y\ x\,y\ x\,y\ \ldots$$

oder noch besser nach dem Schema

$$x\,y\,y\,x\ x\,y\,y\,x\ x\,y\,y\,x\ \ldots,$$

damit alle zeitabhängigen Einflüsse ausgeschaltet werden. Beim Zeichentest ist es ebenfalls gut, in der Hälfte aller Fälle zuerst x und dann y zu messen, in der anderen Hälfte zuerst y und dann x.

Die Einzelversuche müssen voneinander unabhängig sein, d. h. wenn ein x oder y zufällig groß oder klein ausfällt, so soll dadurch das nächste x oder y nicht beeinflußt werden. Die Unabhängigkeit ist z. B. dann gestört, wenn die Versuchsobjekte in Gruppen zerfallen und die zufälligen Umstände innerhalb einer Gruppe ähnlich sind.

Beim X-Test ist es am günstigsten, wenn der Versuch so eingerichtet werden kann, daß die Anzahlen g und h gleich oder fast gleich sind. Die sehr bequeme Tafel 3 ist dann anwendbar, wenn die Differenz $|g-h|$ höchstens 5 und die Gesamtzahl der Messungen $g+h=n$ höchstens 50 beträgt. In höheren Fällen (bis 150 Messungen) muß man die Tafel 5 zu Hilfe nehmen und etwas mehr rechnen.

Einseitige oder zweiseitige Tests

Vor der Messung muß man sich entschließen, ob der X-Test oder der Zeichentest *einseitig* oder *zweiseitig* angewandt werden soll.

Einseitige Anwendung heißt: man interessiert sich etwa nur dafür, ob die x im allgemeinen größer sind als die y; ob sie gleich groß oder kleiner sind, ist für den Anwendungszweck, den man im Auge hat, gleichgültig. Man wird z. B. ein neues Heilmittel im allgemeinen nur dann einführen, wenn es besser ist als die bisher angewandte Behandlungsweise; ob es gleich gut ist oder weniger gut, ist gleichgültig.

Zweiseitige Anwendung eines Tests heißt: man interessiert sich dafür, ob die x durchschnittlich *größer* sind *oder* ob sie *kleiner* sind als die y.

Die Irrtumswahrscheinlichkeit

Die zulässige Schranke einer Testgröße hängt von der *Irrtumswahrscheinlichkeit* ab, die man mit in Kauf nehmen will.

Die folgenden Tafeln sind für die üblichen Irrtumswahrscheinlichkeiten 5%, 2% und 1% eingerichtet, und zwar gelten diese Irrtumswahrscheinlichkeiten für zweiseitige Testanwendung. Bei einseitiger Anwendung sind die Irrtumswahrscheinlichkeiten halb so groß, also $2\frac{1}{2}\%$, 1% und $\frac{1}{2}\%$.

Die praktisch wichtigsten Anwendungsmöglichkeiten der Tafeln sind:

1. einseitige Anwendung, Irrtumswahrscheinlichkeit $2\frac{1}{2}\%$,
2. zweiseitige Anwendung, Irrtumswahrscheinlichkeit 5%,
3. einseitige Anwendung, Irrtumswahrscheinlichkeit 1%,
4. zweiseitige Anwendung, Irrtumswahrscheinlichkeit 1%.

Übersteigt die Testgröße die 5%-Schranke (Fälle 1 und 2), so nennt man das Ergebnis *schwach gesichert*. Übersteigt sie sogar die 1%-Schranke (Fälle 3 und 4), so heißt es *stark gesichert*.

Anwendungsvorschrift für den X-Test

Nachdem man an $g + h = n$ Versuchsobjekten $x_1, \ldots, x_g$ und $y_1, \ldots, y_h$ gemessen hat, ordnet man sie nach steigender Größe in einer Reihe. Jede Beobachtung erhält so eine Rangnummer r, die von 1 bis n läuft.

Nun berechnet man für alle n Beobachtungen die Größe $\Psi\left(\frac{r}{n+1}\right)$. Ist n höchstens 50, so kann man $\Psi\left(\frac{r}{n+1}\right)$ aus Tafel 2 direkt ablesen. Ist n größer als 50, so hat man zuerst $\frac{r}{n+1}$ auf 3 oder 4 Dezimalen genau zu berechnen und dann den zugehörigen Ψ-Wert aus Tafel 4 abzulesen oder zu interpolieren. Wenn $\frac{r}{n+1}$ kleiner als $\frac{1}{2}$ ist, ist der Ψ-Wert negativ, wenn größer, positiv.

Die Ψ-Werte schreibt man in 4 Spalten: In der ersten Spalte die negativen, in der zweiten die positiven Ψ-Werte der x-Beobachtungen, in der dritten Spalte die negativen und in der vierten die positiven Ψ-Werte der y-Beobachtungen. Die Summe der Ψ-Werte in den ersten zwei Spalten heißt X, die der letzten zwei Spalten Y. Eine sehr nützliche Kontrolle der Rechnung ist

$$X + Y = 0.$$

Ist nun X größer als die aus Tafel 3 oder 5 sich ergebende Schranke X_β, so schließt man, daß die x im allgemeinen größer sind als die y. Ist dagegen Y größer als die Schranke, so kann man schließen, daß die y im allgemeinen größer sind als die x. Bei einseitiger Anwendung betrachtet man nur X oder nur Y.

Die Schranke X_β ist für $n \leq 50$ und $|g-h| \leq 5$ direkt aus Tafel 3 zu entnehmen. In den höheren Fällen muß X_β nach der Formel

(A) $$X_\beta = f \cdot \sqrt{\frac{gh}{n-1}} \cdot \overline{Q}$$

berechnet werden, wobei f aus Tafel 1 und Q aus Tafel 5 zu entnehmen ist. Vierstellige Logarithmen genügen, da man von X_β nur 2 Dezimalen braucht.

Was tun, wenn unter den x und y gleiche vorkommen?

Fall 1. Wenn zwei (oder mehrere) x einander gleich sind, ist gar keine Schwierigkeit vorhanden. Wenn den beiden gleichen die Rangnummern r und $r+1$ zukommen, schreibt man die beiden Beiträge

$$\Psi\binom{r}{n+1} \quad \text{und} \quad \Psi\binom{r+1}{n+1}$$

wie gewöhnlich in die erste oder zweite Spalte.

Fall 2. Wenn ein x gleich einem y ist und wenn für die beiden die Rangnummern r und $r+1$ zur Verfügung stehen, so bildet man die Summe

$$S = \Psi\binom{r}{n+1} + \Psi\binom{r+1}{n+1}$$

und trägt $\tfrac{1}{2}S$ in die erste oder zweite Spalte (je nachdem es negativ oder positiv ist) als Beitrag zu X und ebenfalls $\tfrac{1}{2}S$ in die dritte oder vierte Spalte als Beitrag zu Y ein.

Fall 3. Wenn einige x gleich einigen y sind, verfährt man ähnlich. Die Anzahl der gleichen x sei a, die der ihnen gleichen y sei b. Es mögen die Rangnummern $r, r+1, \ldots, r+c-1$ zur Verfügung stehen, wobei $c = a+b$ ist. Dann bildet man die Summe

$$S = \Psi\binom{r}{n+1} + \Psi\binom{r+1}{n+1} + \cdots + \Psi\binom{r+c-1}{n+1}$$

und trägt in die erste oder zweite Spalte

$$\frac{a}{a+b} S$$

als Beitrag zu X ein, in die dritte oder vierte Spalte

$$\frac{b}{a+b} S$$

als Beitrag zu Y.

Anwendungsvorschrift für den Zeichentest

Nachdem man an g Versuchsobjekten $x_1, \ldots, x_g$ und an denselben Versuchsobjekten $y_1, \ldots, y_g$ gemessen hat, bildet man die Differenzen

$$x_1 - y_1, \; x_2 - y_2, \; \ldots, \; x_g - y_g.$$

Die Differenzen Null läßt man einfach weg. Die Zahl der übrigbleibenden Differenzen, die nicht Null sind, sei n. Nun zählt man aus, wie viele von diesen n Differenzen positiv und wie viele negativ sind. Die Anzahl der positiven sei p (= plus), die Anzahl der negativen m (= minus). Liegen p und m außerhalb der in Tafel 6 angegebenen Schranken k und $n-k$, so ist der Unterschied zwischen den x und den y gesichert. Liegen p und m innerhalb der Schranken oder fallen sie mit den Schranken zusammen, so ist der Unterschied nicht gesichert. Bei einseitiger Anwendung zieht man nur im Fall $p > m$ oder nur im Fall $p < m$ den Schluß, daß der positive oder negative Unterschied gesichert ist.

Beispiel zum X-Test

In einem Ernährungsversuch an 10 Mäusen eines Wurfes[1] betrug das Gewicht bei 7 Mäusen, die ohne ein bestimmtes Vitamin ernährt wurden, am 20. Lebenstag

$$\overset{3}{23},\ \overset{1}{17},\ \overset{5}{26},\ \overset{8}{30},\ \overset{4}{24},\ \overset{2}{22},\ \overset{6}{27}\text{ g}.$$

Bei 3 Kontrolltieren, die normale Ernährung erhielten, betrug das Gewicht

$$\overset{7}{29},\ \overset{10}{37},\ \overset{9}{33}\text{ g}.$$

Bei der Beurteilung des Versuches handelt es sich *nur* darum, ob es den ohne Vitamin ernährten Tieren tatsächlich *weniger* gut geht als den anderen; der Test kann also einseitig angewandt werden.

Werden die Versuchstiere nach aufsteigenden Gewichten geordnet, so erhalten die 10 Mäuse die Nummern, die mit kleinen Ziffern über ihren Gewichten geschrieben sind. Die Ψ sind nach Tafel 2

$-0{,}60$	$+0{,}60$	$+0{,}35$
$-1{,}34$	$+0{,}11$	$+1{,}34$
$-0{,}11$		$+0{,}91$
$-0{,}35$		
$-0{,}91$		
$X = -3{,}31$	$+0{,}71$	$Y = -0 + 2{,}60$
$= -2{,}60$		$= +2{,}60$

Nach Tafel 3 ist die einseitige $2\tfrac{1}{2}\%$-Schranke für X oder Y gleich 2,30, die einseitige 1%-Schranke 2,80. Der Unterschied ist also „schwach gesichert".

---

[1] Nach S. KOLLER: Graphische Tafeln zur Beurteilung statistischer Zahlen, 2. Aufl., Beispiel 16. Dresden u. Leipzig 1943.

Beispiel zum Zeichentest

In einem bekannten Experiment von A. R. CUSHNY und A. R. PEEBLES[1] erhielten 10 Patienten während einiger Nächte abwechselnd kein Schlafmittel oder Dextro- oder Laevo-Hyoskyaminhydrobromid. Die mittlere Zunahme der Schlafdauer in Stunden betrug für die beiden Schlafmittel D und L:

Patient	D	L	Zeichen der Differenz
1	+0,7	+1,9	+
2	−1,6	+0,8	+
3	−0,2	+1,1	+
4	−1,2	+0,1	+
5	−0,1	−0,1	0
6	+3,4	+4,4	+
7	+3,7	+5,5	+
8	+0,8	+1,6	+
9	0,0	+4,6	+
10	+2,0	+3,4	+

Die Anzahl der von Null verschiedenen Differenzen ist $n=9$. In Tafel 6 findet man unter zweiseitig 1% bei $n=9$ die Schranke 8. Da mehr als 8 (nämlich alle 9) Differenzen positiv sind, ist der Unterschied zwischen D und L zweiseitig stark gesichert.

Würde man die Vorzeichen von D oder L allein betrachten, so müßte man sagen, daß die Wirkung von D nicht gesichert und die von L nur schwach gesichert ist.

---

[1] Die Data sind der berühmten Arbeit von STUDENT entnommen: The probable error of a mean. Biometrika **6**, p. 1 (1908).

III. Tafeln

III. Tafeln

Tafel 1. Der Faktor $f = \Psi(1-\beta)$

Einseitig	$\beta =$	5%	2,5%	1%	0,5%	0,1%	0,05%
	$f =$	1,645	1,960	2,326	2,576	3,090	3,291
Zweiseitig	$2\beta =$	10%	5%	2%	1%	0,2%	0,1%

Tafel 2. $\Psi\left(\dfrac{r}{n+1}\right)$

r \ n	6	7	8	9	10	11	12	13	14	15	16	17	18	19	20
1	−1,07	−1,15	−1,22	−1,28	−1,34	−1,38	−1,43	−1,47	−1,50	−1,53	−1,56	−1,59	−1,62	−1,64	−1,67
2	−0,57	−0,67	−0,76	−0,84	−0,91	−0,97	−1,02	−1,07	−1,11	−1,15	−1,19	−1,22	−1,25	−1,28	−1,31
3	−0,18	−0,32	−0,43	−0,52	−0,60	−0,67	−0,74	−0,79	−0,84	−0,89	−0,93	−0,97	−1,00	−1,04	−1,07
4	0,18	0	−0,14	−0,25	−0,35	−0,43	−0,50	−0,57	−0,62	−0,67	−0,72	−0,76	−0,80	−0,84	−0,88
5	0,57	0,32	0,14	0	−0,11	−0,21	−0,29	−0,37	−0,43	−0,49	−0,54	−0,59	−0,63	−0,67	−0,71
6	1,07	0,67	0,43	0,25	0,11	0	−0,10	−0,18	−0,25	−0,32	−0,38	−0,43	−0,48	−0,52	−0,57
7		1,15	0,76	0,52	0,35	0,21	0,10	0	−0,08	−0,16	−0,22	−0,28	−0,34	−0,39	−0,43
8			1,22	0,84	0,60	0,43	0,29	0,18	0,08	0	−0,07	−0,14	−0,20	−0,25	−0,30
9				1,28	0,91	0,67	0,50	0,37	0,25	0,16	0,07	0	−0,07	−0,13	−0,18
10					1,34	0,97	0,74	0,57	0,43	0,32	0,22	0,14	0,07	0	−0,06
11						1,38	1,02	0,79	0,62	0,49	0,38	0,28	0,20	0,13	0,06
12							1,43	1,07	0,84	0,67	0,54	0,43	0,34	0,25	0,18
13								1,47	1,11	0,89	0,72	0,59	0,48	0,39	0,30
14									1,50	1,15	0,93	0,76	0,63	0,52	0,43
15										1,53	1,19	0,97	0,80	0,67	0,57
16											1,56	1,22	1,00	0,84	0,71
17												1,59	1,25	1,04	0,88
18													1,62	1,28	1,07
19														1,64	1,31
20															1,67

Tafel 2 (Fortsetzung). $\Psi\left(\dfrac{r}{n+1}\right)$

r \ n	21	22	23	24	25	26	27	28	29	30	31	32	33	34	35
1	−1,69	−1,71	−1,73	−1,75	−1,77	−1,79	−1,80	−1,82	−1,83	−1,85	−1,86	−1,88	−1,89	−1,90	−1,91
2	−1,34	−1,36	−1,38	−1,41	−1,43	−1,45	−1,47	−1,48	−1,50	−1,52	−1,53	−1,55	−1,56	−1,58	−1,59
3	−1,10	−1,12	−1,15	−1,17	−1,20	−1,22	−1,24	−1,26	−1,28	−1,30	−1,32	−1,34	−1,35	−1,37	−1,38
4	−0,91	−0,94	−0,97	−0,99	−1,02	−1,04	−1,07	−1,09	−1,11	−1,13	−1,15	−1,17	−1,19	−1,20	−1,22
5	−0,75	−0,78	−0,81	−0,84	−0,87	−0,90	−0,92	−0,94	−0,97	−0,99	−1,01	−1,03	−1,05	−1,07	−1,09
6	−0,60	−0,64	−0,67	−0,71	−0,74	−0,76	−0,79	−0,82	−0,84	−0,86	−0,89	−0,91	−0,93	−0,95	−0,97
7	−0,47	−0,51	−0,55	−0,58	−0,62	−0,65	−0,67	−0,70	−0,73	−0,75	−0,77	−0,80	−0,82	−0,84	−0,86
8	−0,35	−0,39	−0,43	−0,47	−0,50	−0,54	−0,57	−0,60	−0,62	−0,65	−0,67	−0,70	−0,72	−0,74	−0,76
9	−0,23	−0,28	−0,32	−0,36	−0,40	−0,43	−0,46	−0,49	−0,52	−0,55	−0,58	−0,60	−0,63	−0,65	−0,67
10	−0,11	−0,16	−0,21	−0,25	−0,29	−0,33	−0,37	−0,40	−0,43	−0,46	−0,49	−0,52	−0,54	−0,57	−0,59
11	0	−0,05	−0,10	−0,15	−0,19	−0,23	−0,27	−0,31	−0,34	−0,37	−0,40	−0,43	−0,46	−0,48	−0,51
12	0,11	0,05	0	−0,05	−0,10	−0,14	−0,18	−0,22	−0,25	−0,29	−0,32	−0,35	−0,38	−0,40	−0,43
13	0,23	0,16	0,10	0,05	0	−0,05	−0,09	−0,13	−0,17	−0,20	−0,24	−0,27	−0,30	−0,33	−0,36
14	0,35	0,28	0,21	0,15	0,10	0,05	0	−0,04	−0,08	−0,12	−0,16	−0,19	−0,22	−0,25	−0,28
15	0,47	0,39	0,32	0,25	0,19	0,14	0,09	0,04	0	−0,04	−0,08	−0,11	−0,15	−0,18	−0,21
16	0,60	0,51	0,43	0,36	0,29	0,23	0,18	0,13	0,08	0,04	0	−0,04	−0,07	−0,11	−0,14
17	0,75	0,64	0,55	0,47	0,40	0,33	0,27	0,22	0,17	0,12	0,08	0,04	0	−0,04	−0,07
18	0,91	0,78	0,67	0,58	0,50	0,43	0,37	0,31	0,25	0,20	0,16	0,11	0,07	0,04	0
19	1,10	0,94	0,81	0,71	0,62	0,54	0,46	0,40	0,34	0,29	0,24	0,19	0,15	0,11	0,07
20	1,34	1,12	0,97	0,84	0,74	0,65	0,57	0,49	0,43	0,37	0,32	0,27	0,22	0,18	0,14
21	1,69	1,36	1,15	0,99	0,87	0,76	0,67	0,60	0,52	0,46	0,40	0,35	0,30	0,25	0,21
22		1,71	1,38	1,17	1,02	0,90	0,79	0,70	0,62	0,55	0,49	0,43	0,38	0,33	0,28
23			1,73	1,41	1,20	1,04	0,92	0,82	0,73	0,65	0,58	0,52	0,46	0,40	0,36
24				1,75	1,43	1,22	1,07	0,94	0,84	0,75	0,67	0,60	0,54	0,48	0,43
25					1,77	1,45	1,24	1,09	0,97	0,86	0,77	0,70	0,63	0,57	0,51
26						1,79	1,47	1,26	1,11	0,99	0,89	0,80	0,72	0,65	0,59
27							1,80	1,48	1,28	1,13	1,01	0,91	0,82	0,74	0,67
28								1,82	1,50	1,30	1,15	1,03	0,93	0,84	0,76
29									1,83	1,52	1,32	1,17	1,05	0,95	0,86
30										1,85	1,53	1,34	1,19	1,07	0,97
31											1,86	1,55	1,35	1,20	1,09
32												1,88	1,56	1,37	1,22
33													1,89	1,58	1,38
34														1,90	1,59
35															1,91

Tafel 2 (Fortsetzung). $\Psi\left(\dfrac{r}{n+1}\right)$

r \ n	36	37	38	39	40	41	42	43	44	45	46	47	48	49	50
1	−1,93	−1,94	−1,95	−1,96	−1,97	−1,98	−1,99	−2,00	−2,01	−2,02	−2,03	−2,04	−2,05	−2,05	−2,06
2	−1,61	−1,62	−1,63	−1,64	−1,66	−1,67	−1,68	−1,69	−1,70	−1,71	−1,72	−1,73	−1,74	−1,75	−1,76
3	−1,40	−1,41	−1,43	−1,44	−1,45	−1,47	−1,48	−1,49	−1,50	−1,51	−1,52	−1,53	−1,54	−1,55	−1,56
4	−1,24	−1,25	−1,27	−1,28	−1,30	−1,31	−1,32	−1,34	−1,35	−1,36	−1,37	−1,38	−1,39	−1,41	−1,42
5	−1,10	−1,12	−1,13	−1,15	−1,17	−1,18	−1,19	−1,21	−1,22	−1,23	−1,25	−1,26	−1,27	−1,28	−1,29
6	−0,99	−1,00	−1,02	−1,04	−1,05	−1,07	−1,08	−1,10	−1,11	−1,12	−1,14	−1,15	−1,16	−1,17	−1,19
7	−0,88	−0,90	−0,92	−0,93	−0,95	−0,97	−0,98	−1,00	−1,01	−1,03	−1,04	−1,05	−1,07	−1,08	−1,09
8	−0,79	−0,80	−0,82	−0,84	−0,86	−0,88	−0,89	−0,91	−0,92	−0,94	−0,95	−0,97	−0,98	−0,99	−1,01
9	−0,70	−0,72	−0,74	−0,76	−0,77	−0,79	−0,81	−0,83	−0,84	−0,85	−0,87	−0,89	−0,90	−0,92	−0,93
10	−0,61	−0,63	−0,65	−0,67	−0,69	−0,71	−0,73	−0,75	−0,76	−0,78	−0,79	−0,81	−0,83	−0,84	−0,86
11	−0,53	−0,55	−0,58	−0,60	−0,62	−0,64	−0,66	−0,67	−0,69	−0,71	−0,72	−0,74	−0,76	−0,77	−0,79
12	−0,46	−0,48	−0,50	−0,52	−0,55	−0,57	−0,59	−0,60	−0,62	−0,64	−0,66	−0,67	−0,69	−0,71	−0,72
13	−0,38	−0,41	−0,43	−0,45	−0,48	−0,50	−0,52	−0,54	−0,56	−0,58	−0,59	−0,61	−0,63	−0,64	−0,66
14	−0,31	−0,34	−0,36	−0,39	−0,41	−0,43	−0,45	−0,47	−0,49	−0,51	−0,53	−0,55	−0,57	−0,58	−0,60
15	−0,24	−0,27	−0,29	−0,32	−0,34	−0,37	−0,39	−0,41	−0,43	−0,45	−0,47	−0,49	−0,51	−0,52	−0,54
16	−0,17	−0,20	−0,23	−0,25	−0,28	−0,30	−0,33	−0,35	−0,37	−0,39	−0,41	−0,43	−0,45	−0,47	−0,49
17	−0,10	−0,13	−0,16	−0,19	−0,22	−0,24	−0,27	−0,29	−0,31	−0,33	−0,35	−0,37	−0,39	−0,41	−0,43
18	−0,03	−0,07	−0,10	−0,13	−0,15	−0,18	−0,21	−0,23	−0,25	−0,28	−0,30	−0,32	−0,34	−0,36	−0,38
19	0,03	0	−0,03	−0,06	−0,09	−0,12	−0,15	−0,17	−0,20	−0,22	−0,24	−0,26	−0,29	−0,31	−0,33
20	0,10	0,07	0,03	0	−0,03	−0,06	−0,09	−0,11	−0,14	−0,16	−0,19	−0,21	−0,23	−0,25	−0,27
21	0,17	0,13	0,10	0,06	0,03	0	−0,03	−0,06	−0,08	−0,11	−0,13	−0,16	−0,18	−0,20	−0,22
22	0,24	0,20	0,16	0,13	0,09	0,06	0,03	0	−0,03	−0,05	−0,08	−0,10	−0,13	−0,15	−0,17
23	0,31	0,27	0,23	0,19	0,15	0,12	0,09	0,06	0,03	0	−0,03	−0,05	−0,08	−0,10	−0,12
24	0,38	0,34	0,29	0,25	0,22	0,18	0,15	0,11	0,08	0,05	0,03	0	−0,03	−0,05	−0,07
25	0,46	0,41	0,36	0,32	0,28	0,24	0,21	0,17	0,14	0,11	0,08	0,05	0,03	0	−0,02
26	0,53	0,48	0,43	0,39	0,34	0,30	0,27	0,23	0,20	0,16	0,13	0,10	0,08	0,05	0,02
27	0,61	0,55	0,50	0,45	0,41	0,37	0,33	0,29	0,25	0,22	0,19	0,16	0,13	0,10	0,07
28	0,70	0,63	0,58	0,52	0,48	0,43	0,39	0,35	0,31	0,28	0,24	0,21	0,18	0,15	0,12
29	0,79	0,72	0,65	0,60	0,55	0,50	0,45	0,41	0,37	0,33	0,30	0,26	0,23	0,20	0,17
30	0,88	0,80	0,74	0,67	0,62	0,57	0,52	0,47	0,43	0,39	0,35	0,32	0,29	0,25	0,22
31	0,99	0,90	0,82	0,76	0,69	0,64	0,59	0,54	0,49	0,45	0,41	0,37	0,34	0,31	0,27
32	1,10	1,00	0,92	0,84	0,77	0,71	0,66	0,60	0,56	0,51	0,47	0,43	0,39	0,36	0,33
33	1,24	1,12	1,02	0,93	0,86	0,79	0,73	0,67	0,62	0,58	0,53	0,49	0,45	0,41	0,38
34	1,40	1,25	1,13	1,04	0,95	0,88	0,81	0,75	0,69	0,64	0,59	0,55	0,51	0,47	0,43
35	1,61	1,41	1,27	1,15	1,05	0,97	0,89	0,83	0,76	0,71	0,66	0,61	0,57	0,52	0,49
36	1,93	1,62	1,43	1,28	1,17	1,07	0,98	0,91	0,84	0,78	0,72	0,67	0,63	0,58	0,54
37		1,94	1,63	1,44	1,30	1,18	1,08	1,00	0,92	0,85	0,79	0,74	0,69	0,64	0,60
38			1,95	1,64	1,45	1,31	1,19	1,10	1,01	0,94	0,87	0,81	0,76	0,71	0,66
39				1,96	1,66	1,47	1,32	1,21	1,11	1,03	0,95	0,89	0,83	0,77	0,72
40					1,97	1,67	1,48	1,34	1,22	1,12	1,04	0,97	0,90	0,84	0,79
41						1,98	1,68	1,49	1,35	1,23	1,14	1,05	0,98	0,92	0,86
42							1,99	1,69	1,50	1,36	1,25	1,15	1,07	0,99	0,93
43								2,00	1,70	1,51	1,37	1,26	1,16	1,08	1,01
44									2,01	1,71	1,52	1,38	1,27	1,17	1,09
45										2,02	1,72	1,53	1,38	1,28	1,19
46											2,03	1,73	1,54	1,41	1,29
47												2,04	1,74	1,55	1,42
48													2,05	1,75	1,56
49														2,05	1,76
50															2,06

Tafel 3. Schranke für X

	Einseitig 2,5%				Einseitig 1%				Einseitig 0,5%		
n	$g-h=$ 0 oder 1	$g-h=$ 2 oder 3	$g-h=$ 4 oder 5	n	$g-h=$ 0 oder 1	$g-h=$ 2 oder 3	$g-h=$ 4 oder 5	n	$g-h=$ 0 oder 1	$g-h=$ 2 oder 3	$g-h=$ 4 oder 5
6	∞	∞	∞	6	∞	∞	∞	6	∞	∞	∞
7	∞	∞	∞	7	∞	∞	∞	7	∞	∞	∞
8	2,40	2,30	∞	8	∞	∞	∞	8	∞	∞	∞
9	2,38	2,20	∞	9	2,80	∞	∞	9	∞	∞	∞
10	2,60	2,49	2,30	10	3,00	2,90	2,80	10	3,20	3,10	∞
11	2,72	2,58	2,40	11	3,20	3,00	2,90	11	3,40	3,40	∞
12	2,86	2,79	2,68	12	3,29	3,30	3,20	12	3,60	3,58	3,40
13	2,96	2,91	2,78	13	3,50	3,36	3,18	13	3,71	3,68	3,50
14	3,11	3,06	3,00	14	3,62	3,55	3,46	14	3,94	3,88	3,76
15	3,24	3,19	3,06	15	3,74	3,68	3,57	15	4,07	4,05	3,88
16	3,39	3,36	3,28	16	3,92	3,90	3,80	16	4,26	4,25	4,12
17	3,49	3,44	3,36	17	4,06	4,01	3,90	17	4,44	4,37	4,23
18	3,63	3,60	3,53	18	4,23	4,21	4,14	18	4,60	4,58	4,50
19	3,73	3,69	3,61	19	4,37	4,32	4,23	19	4,77	4,71	4,62
20	3,86	3,84	3,78	20	4,52	4,50	4,44	20	4,94	4,92	4,85
21	3,96	3,92	3,85	21	4,66	4,62	4,53	21	5,10	5,05	4,96
22	4,08	4,06	4,01	22	4,80	4,78	4,72	22	5,26	5,24	5,17
23	4,18	4,15	4,08	23	4,92	4,89	4,81	23	5,40	5,36	5,27
24	4,29	4,27	4,23	24	5,06	5,04	4,99	24	5,55	5,53	5,48
25	4,39	4,36	4,30	25	5,18	5,14	5,08	25	5,68	5,65	5,58
26	4,50	4,48	4,44	26	5,30	5,29	5,24	26	5,83	5,81	5,76
27	4,59	4,56	4,51	27	5,42	5,39	5,33	27	5,95	5,92	5,85
28	4,69	4,68	4,64	28	5,54	5,52	5,48	28	6,09	6,07	6,03
29	4,78	4,76	4,72	29	5,65	5,62	5,57	29	6,22	6,19	6,13
30	4,88	4,87	4,84	30	5,77	5,75	5,72	30	6,35	6,34	6,30
31	4,97	4,95	4,91	31	5,87	5,85	5,80	31	6,47	6,44	6,39
32	5,07	5,06	5,03	32	5,99	5,97	5,94	32	6,60	6,58	6,55
33	5,15	5,13	5,10	33	6,09	6,07	6,02	33	6,71	6,69	6,64
34	5,25	5,24	5,21	34	6,20	6,19	6,16	34	6,84	6,82	6,79
35	5,33	5,31	5,28	35	6,30	6,28	6,24	35	6,95	6,92	6,88
36	5,42	5,41	5,38	36	6,40	6,39	6,37	36	7,06	7,05	7,02
37	5,50	5,48	5,45	37	6,50	6,48	6,45	37	7,17	7,15	7,11
38	5,59	5,58	5,55	38	6,60	6,59	6,57	38	7,28	7,27	7,25
39	5,67	5,65	5,62	39	6,70	6,68	6,65	39	7,39	7,37	7,33
40	5,75	5,74	5,72	40	6,80	6,79	6,77	40	7,50	7,49	7,47
41	5,83	5,81	5,79	41	6,89	6,88	6,85	41	7,62	7,60	7,56
42	5,91	5,90	5,88	42	6,99	6,98	6,96	42	7,72	7,71	7,69
43	5,99	5,97	5,95	43	7,08	7,07	7,04	43	7,82	7,81	7,77
44	6,06	6,06	6,04	44	7,17	7,17	7,14	44	7,93	7,92	7,90
45	6,14	6,12	6,10	45	7,26	7,25	7,22	45	8,02	8,01	7,98
46	6,21	6,21	6,19	46	7,35	7,35	7,32	46	8,13	8,12	8,10
47	6,29	6,27	6,25	47	7,44	7,43	7,40	47	8,22	8,21	8,18
48	6,36	6,35	6,34	48	7,53	7,52	7,50	48	8,32	8,31	8,29
49	6,43	6,42	6,39	49	7,61	7,60	7,57	49	8,41	8,40	8,37
50	6,50	6,50	6,48	50	7,70	7,69	7,68	50	8,51	8,50	8,48
	Zweiseitig 5%				Zweiseitig 2%				Zweiseitig 1%		

Außerhalb der Schranke ist der Effekt gesichert.

Tafel 4. $\Psi(x)$

$X\rightarrow$ ↓	0	1	2	3	4	5	6	7	8	9
0,00	$-\infty$	−3,09	−2,88	−2,75	−2,65	−2,58	−2,51	−2,46	−2,41	−2,37
0,01	−2,33	−2,29	−2,26	−2,23	−2,20	−2,17	−2,14	−2,12	−2,10	−2,07
0,02	−2,05	−2,03	−2,01	−2,00	−1,98	−1,96	−1,94	−1,93	−1,91	−1,90
0,03	−1,88	−1,87	−1,85	−1,84	−1,83	−1,81	−1,80	−1,79	−1,77	−1,76
0,04	−1,75	−1,74	−1,73	−1,72	−1,71	−1,70	−1,68	−1,67	−1,66	−1,65
0,05	−1,64	−1,64	−1,63	−1,62	−1,61	−1,60	−1,59	−1,58	−1,57	−1,56
0,06	−1,55	−1,55	−1,54	−1,53	−1,52	−1,51	−1,51	−1,50	−1,49	−1,48
0,07	−1,48	−1,47	−1,46	−1,45	−1,45	−1,44	−1,43	−1,43	−1,42	−1,41
0,08	−1,41	−1,40	−1,39	−1,39	−1,38	−1,37	−1,37	−1,36	−1,35	−1,35
0,09	−1,34	−1,33	−1,33	−1,32	−1,32	−1,31	−1,30	−1,30	−1,29	−1,29
0,10	−1,28	−1,28	−1,27	−1,26	−1,26	−1,25	−1,25	−1,24	−1,24	−1,23
0,11	−1,23	−1,22	−1,22	−1,21	−1,21	−1,20	−1,20	−1,19	−1,19	−1,18
0,12	−1,18	−1,17	−1,17	−1,16	−1,16	−1,15	−1,15	−1,14	−1,14	−1,13
0,13	−1,13	−1,12	−1,12	−1,11	−1,11	−1,10	−1,10	−1,09	−1,09	−1,09
0,14	−1,08	−1,08	−1,07	−1,07	−1,06	−1,06	−1,05	−1,05	−1,05	−1,04
0,15	−1,04	−1,03	−1,03	−1,02	−1,02	−1,02	−1,01	−1,01	−1,00	−1,00
0,16	−0,99	−0,99	−0,99	−0,98	−0,98	−0,97	−0,97	−0,97	−0,96	−0,96
0,17	−0,95	−0,95	−0,95	−0,94	−0,94	−0,93	−0,93	−0,93	−0,92	−0,92
0,18	−0,92	−0,91	−0,91	−0,90	−0,90	−0,90	−0,89	−0,89	−0,89	−0,88
0,19	−0,88	−0,87	−0,87	−0,87	−0,86	−0,86	−0,86	−0,85	−0,85	−0,85
0,20	−0,84	−0,84	−0,83	−0,83	−0,83	−0,82	−0,82	−0,82	−0,81	−0,81
0,21	−0,81	−0,80	−0,80	−0,80	−0,79	−0,79	−0,79	−0,78	−0,78	−0,78
0,22	−0,77	−0,77	−0,77	−0,76	−0,76	−0,76	−0,75	−0,75	−0,75	−0,74
0,23	−0,74	−0,74	−0,73	−0,73	−0,73	−0,72	−0,72	−0,72	−0,71	−0,71
0,24	−0,71	−0,70	−0,70	−0,70	−0,69	−0,69	−0,69	−0,68	−0,68	−0,68
0,25	−0,67	−0,67	−0,67	−0,67	−0,66	−0,66	−0,66	−0,65	−0,65	−0,65
0,26	−0,64	−0,64	−0,64	−0,63	−0,63	−0,63	−0,63	−0,62	−0,62	−0,62
0,27	−0,61	−0,61	−0,61	−0,60	−0,60	−0,60	−0,59	−0,59	−0,59	−0,59
0,28	−0,58	−0,58	−0,58	−0,57	−0,57	−0,57	−0,57	−0,56	−0,56	−0,56
0,29	−0,55	−0,55	−0,55	−0,54	−0,54	−0,54	−0,54	−0,53	−0,53	−0,53
0,30	−0,52	−0,52	−0,52	−0,52	−0,51	−0,51	−0,51	−0,50	−0,50	−0,50
0,31	−0,50	−0,49	−0,49	−0,49	−0,48	−0,48	−0,48	−0,48	−0,47	−0,47
0,32	−0,47	−0,46	−0,46	−0,46	−0,46	−0,45	−0,45	−0,45	−0,45	−0,44
0,33	−0,44	−0,44	−0,43	−0,43	−0,43	−0,43	−0,42	−0,42	−0,42	−0,42
0,34	−0,41	−0,41	−0,41	−0,40	−0,40	−0,40	−0,40	−0,39	−0,39	−0,39
0,35	−0,39	−0,38	−0,38	−0,38	−0,37	−0,37	−0,37	−0,37	−0,36	−0,36
0,36	−0,36	−0,36	−0,35	−0,35	−0,35	−0,35	−0,34	−0,34	−0,34	−0,33
0,37	−0,33	−0,33	−0,33	−0,32	−0,32	−0,32	−0,32	−0,31	−0,31	−0,31
0,38	−0,31	−0,30	−0,30	−0,30	−0,30	−0,29	−0,29	−0,29	−0,28	−0,28
0,39	−0,28	−0,28	−0,27	−0,27	−0,27	−0,27	−0,26	−0,26	−0,26	−0,26
0,40	−0,25	−0,25	−0,25	−0,25	−0,24	−0,24	−0,24	−0,24	−0,23	−0,23
0,41	−0,23	−0,23	−0,22	−0,22	−0,22	−0,21	−0,21	−0,21	−0,21	−0,20
0,42	−0,20	−0,20	−0,20	−0,19	−0,19	−0,19	−0,19	−0,18	−0,18	−0,18
0,43	−0,18	−0,17	−0,17	−0,17	−0,17	−0,16	−0,16	−0,16	−0,16	−0,15
0,44	−0,15	−0,15	−0,15	−0,14	−0,14	−0,14	−0,14	−0,13	−0,13	−0,13
0,45	−0,13	−0,12	−0,12	−0,12	−0,12	−0,11	−0,11	−0,11	−0,11	−0,10
0,46	−0,10	−0,10	−0,10	−0,09	−0,09	−0,09	−0,09	−0,08	−0,08	−0,08
0,47	−0,08	−0,07	−0,07	−0,07	−0,07	−0,06	−0,06	−0,06	−0,06	−0,05
0,48	−0,05	−0,05	−0,05	−0,04	−0,04	−0,04	−0,04	−0,03	−0,03	−0,03
0,49	−0,03	−0,02	−0,02	−0,02	−0,02	−0,01	−0,01	−0,01	−0,01	−0,00

Tafel 4 (Fortsetzung). $\Psi(x)$

$X \rightarrow$ ↓	0	1	2	3	4	5	6	7	8	9
0,50	0,00	0,00	0,01	0,01	0,01	0,01	0,02	0,02	0,02	0,02
0,51	0,03	0,03	0,03	0,03	0,04	0,04	0,04	0,04	0,05	0,05
0,52	0,05	0,05	0,06	0,06	0,06	0,06	0,07	0,07	0,07	0,07
0,53	0,08	0,08	0,08	0,08	0,09	0,09	0,09	0,09	0,10	0,10
0,54	0,10	0,10	0,11	0,11	0,11	0,11	0,12	0,12	0,12	0,12
0,55	0,13	0,13	0,13	0,13	0,14	0,14	0,14	0,14	0,15	0,15
0,56	0,15	0,15	0,16	0,16	0,16	0,16	0,17	0,17	0,17	0,17
0,57	0,18	0,18	0,18	0,18	0,19	0,19	0,19	0,19	0,20	0,20
0,58	0,20	0,20	0,21	0,21	0,21	0,21	0,22	0,22	0,22	0,23
0,59	0,23	0,23	0,23	0,24	0,24	0,24	0,24	0,25	0,25	0,25
0,60	0,25	0,26	0,26	0,26	0,26	0,27	0,27	0,27	0,27	0,28
0,61	0,28	0,28	0,28	0,29	0,29	0,29	0,30	0,30	0,30	0,30
0,62	0,31	0,31	0,31	0,31	0,32	0,32	0,32	0,32	0,33	0,33
0,63	0,33	0,33	0,34	0,34	0,34	0,35	0,35	0,35	0,35	0,36
0,64	0,36	0,36	0,36	0,37	0,37	0,37	0,37	0,38	0,38	0,38
0,65	0,39	0,39	0,39	0,39	0,40	0,40	0,40	0,40	0,41	0,41
0,66	0,41	0,42	0,42	0,42	0,42	0,43	0,43	0,43	0,43	0,44
0,67	0,44	0,44	0,45	0,45	0,45	0,45	0,46	0,46	0,46	0,46
0,68	0,47	0,47	0,47	0,48	0,48	0,48	0,48	0,49	0,49	0,49
0,69	0,50	0,50	0,50	0,50	0,51	0,51	0,51	0,52	0,52	0,52
0,70	0,52	0,53	0,53	0,53	0,54	0,54	0,54	0,54	0,55	0,55
0,71	0,55	0,56	0,56	0,56	0,57	0,57	0,57	0,57	0,58	0,58
0,72	0,58	0,59	0,59	0,59	0,59	0,60	0,60	0,60	0,61	0,61
0,73	0,61	0,62	0,62	0,62	0,63	0,63	0,63	0,63	0,64	0,64
0,74	0,64	0,65	0,65	0,65	0,66	0,66	0,66	0,67	0,67	0,67
0,75	0,67	0,68	0,68	0,68	0,69	0,69	0,69	0,70	0,70	0,70
0,76	0,71	0,71	0,71	0,72	0,72	0,72	0,73	0,73	0,73	0,74
0,77	0,74	0,74	0,75	0,75	0,75	0,76	0,76	0,76	0,77	0,77
0,78	0,77	0,78	0,78	0,78	0,79	0,79	0,79	0,80	0,80	0,80
0,79	0,81	0,81	0,81	0,82	0,82	0,82	0,83	0,83	0,83	0,84
0,80	0,84	0,85	0,85	0,85	0,86	0,86	0,86	0,87	0,87	0,87
0,81	0,88	0,88	0,89	0,89	0,89	0,90	0,90	0,90	0,91	0,91
0,82	0,92	0,92	0,92	0,93	0,93	0,93	0,94	0,94	0,95	0,95
0,83	0,95	0,96	0,96	0,97	0,97	0,97	0,98	0,98	0,99	0,99
0,84	0,99	1,00	1,00	1,01	1,01	1,02	1,02	1,02	1,03	1,03
0,85	1,04	1,04	1,05	1,05	1,05	1,06	1,06	1,07	1,07	1,08
0,86	1,08	1,09	1,09	1,09	1,10	1,10	1,11	1,11	1,12	1,12
0,87	1,13	1,13	1,14	1,14	1,15	1,15	1,16	1,16	1,17	1,17
0,88	1,18	1,18	1,19	1,19	1,20	1,20	1,21	1,21	1,22	1,22
0,89	1,23	1,23	1,24	1,24	1,25	1,25	1,26	1,26	1,27	1,28
0,90	1,28	1,29	1,29	1,30	1,30	1,31	1,31	1,32	1,33	1,33
0,91	1,34	1,35	1,35	1,36	1,37	1,37	1,38	1,39	1,39	1,40
0,92	1,41	1,41	1,42	1,43	1,43	1,44	1,45	1,45	1,46	1,47
0,93	1,48	1,48	1,49	1,50	1,51	1,51	1,52	1,53	1,54	1,55
0,94	1,55	1,56	1,57	1,58	1,59	1,60	1,61	1,62	1,63	1,64
0,95	1,64	1,65	1,66	1,67	1,68	1,70	1,71	1,72	1,73	1,74
0,96	1,75	1,76	1,77	1,79	1,80	1,81	1,83	1,84	1,85	1,87
0,97	1,88	1,90	1,91	1,93	1,94	1,96	1,98	2,00	2,01	2,03
0,98	2,05	2,07	2,10	2,12	2,14	2,17	2,20	2,23	2,26	2,29
0,99	2,33	2,37	2,41	2,46	2,51	2,58	2,65	2,75	2,88	3,09

Tafel 5. $Q = \dfrac{1}{n}\sum_{1}^{n} \Psi^2\left(\dfrac{r}{n+1}\right)$

n	Q	n	Q	n	Q
1	0,000	51	0,872	101	0,923
2	0,186	52	0,874	102	0,924
3	0,303	53	0,876	103	0,924
4	0,386	54	0,877	104	0,925
5	0,449	55	0,879	105	0,926
6	0,497	56	0,880	106	0,926
7	0,537	57	0,882	107	0,927
8	0,570	58	0,884	108	0,927
9	0,598	59	0,885	109	0,928
10	0,622	60	0,887	110	0,928
11	0,642	61	0,888	111	0,929
12	0,661	62	0,889	112	0,929
13	0,677	63	0,891	113	0,930
14	0,692	64	0,892	114	0,930
15	0,705	65	0,893	115	0,931
16	0,716	66	0,894	116	0,931
17	0,727	67	0,895	117	0,932
18	0,737	68	0,897	118	0,932
19	0,746	69	0,898	119	0,932
20	0,755	70	0,899	120	0,933
21	0,763	71	0,900	121	0,933
22	0,770	72	0,901	122	0,934
23	0,777	73	0,902	123	0,934
24	0,783	74	0,903	124	0,935
25	0,789	75	0,904	125	0,935
26	0,794	76	0,905	126	0,935
27	0,799	77	0,906	127	0,936
28	0,804	78	0,907	128	0,936
29	0,809	79	0,908	129	0,937
30	0,813	80	0,908	130	0,937
31	0,817	81	0,909	131	0,937
32	0,821	82	0,910	132	0,938
33	0,825	83	0,911	133	0,938
34	0,829	84	0,912	134	0,938
35	0,833	85	0,913	135	0,939
36	0,836	86	0,913	136	0,939
37	0,839	87	0,914	137	0,939
38	0,842	88	0,915	138	0,940
39	0,845	89	0,916	139	0,940
40	0,848	90	0,916	140	0,940
41	0,850	91	0,917	141	0,941
42	0,853	92	0,918	142	0,941
43	0,855	93	0,918	143	0,941
44	0,858	94	0,919	144	0,942
45	0,860	95	0,920	145	0,942
46	0,862	96	0,920	146	0,942
47	0,864	97	0,921	147	0,943
48	0,866	98	0,922	148	0,943
49	0,868	99	0,922	149	0,943
50	0,870	100	0,923	150	0,944

Tafel 6. Schranken beim Zeichentest

Einseitig	2,5%		1%		0,5%		Einseitig	2,5%		1%		0,5%	
$n=5$	0	5	0	5	0	5	$n=53$	19	34	18	35	17	36
6	1	5	0	6	0	6	54	20	34	19	35	18	36
7	1	6	1	6	0	7	55	20	35	19	36	18	37
8	1	7	1	7	1	7	56	21	35	19	37	18	38
9	2	7	1	8	1	8	57	21	36	20	37	19	38
10	2	8	1	9	1	9	58	22	36	20	38	19	39
11	2	9	2	9	1	10	59	22	37	21	38	20	39
12	3	9	2	10	2	10	60	22	38	21	39	20	40
13	3	10	2	11	2	11	61	23	38	21	40	21	40
14	3	11	3	11	2	12	62	23	39	22	40	21	41
15	4	11	3	12	3	12	63	24	39	22	41	21	42
16	4	12	3	13	3	13	64	24	40	23	41	22	42
17	5	12	4	13	3	14	65	25	40	23	42	22	43
18	5	13	4	14	4	14	66	25	41	24	42	23	43
19	5	14	5	14	4	15	67	26	41	24	43	23	44
20	6	14	5	15	4	16	68	26	42	24	44	23	45
21	6	15	5	16	5	16	69	26	43	25	44	24	45
22	6	16	6	16	5	17	70	27	43	25	45	24	46
23	7	16	6	17	5	18	71	27	44	26	45	25	46
24	7	17	6	18	6	18	72	28	44	26	46	25	47
25	8	17	7	18	6	19	73	28	45	27	46	26	47
26	8	18	7	19	7	19	74	29	45	27	47	26	48
27	8	19	8	19	7	20	75	29	46	27	48	26	49
28	9	19	8	20	7	21	76	29	47	28	48	27	49
29	9	20	8	21	8	21	77	30	47	28	49	27	50
30	10	20	9	21	8	22	78	30	48	29	49	28	50
31	10	21	9	22	8	23	79	31	48	29	50	28	51
32	10	22	9	23	9	23	80	31	49	30	50	29	51
33	11	22	10	23	9	24	81	32	49	30	51	29	52
34	11	23	10	24	10	24	82	32	50	31	51	29	53
35	12	23	11	24	10	25	83	33	50	31	52	30	53
36	12	24	11	25	10	26	84	33	51	31	53	30	54
37	13	24	11	26	11	26	85	33	52	32	53	31	54
38	13	25	12	26	11	27	86	34	52	32	54	31	55
39	13	26	12	27	12	27	87	34	53	33	54	32	55
40	14	26	13	27	12	28	88	35	53	33	55	32	56
41	14	27	13	28	12	29	89	35	54	34	55	32	57
42	15	27	14	28	13	29	90	36	54	34	56	33	57
43	15	28	14	29	13	30	91	36	55	34	57	33	58
44	16	28	14	30	14	30	92	37	55	35	57	34	58
45	16	29	15	30	14	31	93	37	56	35	58	34	59
46	16	30	15	31	14	32	94	38	56	36	58	35	59
47	17	30	16	31	15	32	95	38	57	36	59	35	60
48	17	31	16	32	15	33	96	38	58	37	59	35	61
49	18	31	16	33	16	33	97	39	58	37	60	36	61
50	18	32	17	33	16	34	98	39	59	38	60	36	62
51	19	32	17	34	16	35	99	40	59	38	61	37	62
52	19	33	18	34	17	35	100	40	60	38	62	37	63
Zweiseitig	5%		2%		1%		Zweiseitig	5%		2%		1%	

Außerhalb der Schranken ist der Effekt gesichert.

IV. Application of the tests

The experimental situation

Let $x_1, x_2, \ldots, x_g$ be observed values of a measurable quantity, e.g. the blood pressure of g rats selected at random. Let $y_1, y_2, \ldots, y_h$ or $y_1, y_2, \ldots, y_g$ be observed values of the same quantity, measured under somewhat different circumstances, either on h different individuals or on the same set of g individuals. The question is whether the x's are generally larger (or smaller) than the y's or whether the observed differences are such as may occur by pure chance.

It may also happen that the x's and y's are not measurable but only comparable. One can e.g. show a person pictures and ask which of these he likes best, which second best etc. Our tests may be applied to such ordered quantities just as well, because only the ranking of the x's and y's is used in the tests.

If all $g+h$ individuals are *different*, the X-test is appropriate. If the *same* g individuals are taken for determining the x's and the y's, so that each x_i may be compared with its *corresponding* y_i, the sign test may be applied.

The objects of investigation (e.g. the rats) are to be selected in such a way, that every bias in favour of the x's or y's is excluded. In the case of the X-test it is advisable to measure first an x, next a y, etc., preferably in the following order:

$$x\,y\,y\,x \quad x\,y\,y\,x \quad x\,y\,y\,x \ldots$$

to exclude any possible influence of time. Just so, in the case of the sign test, one may take care to measure first x, next y in half of the cases, and first y, next x in the other half.

The single measuring results, considered as random variables, must be independent. This means: if an x or y happens to be large or small, the value of the next x or y shall not be influenced by this. The independence is disturbed e.g. if the x's and y's are divided into groups, such that the accidental circumstances within one group are similar.

The X-test works best when the numbers g and h are equal or nearly equal.

One-sided and two-sided tests

Before making the measurements one has to decide whether a one-sided or a two-sided test will be applied.

One-sided application means: one wants to know only whether the x's are generally larger than the y's, but it is uninteresting whether they are just as large or smaller. For instance: a new medicine will be introduced only if it is better than the methods in general use; it is not important to know whether it is just as good or less good.

Two-sided application means: one wants to know whether the x's are on the whole *larger* or *smaller* than the y's.

Levels of significance

Our tests are applied as follows.

From the experimental data a *test statistic* (called X or Y in the case of the X-test) is computed. If the test statistic exceeds a certain rejection limit, computed by means of the tables, the conclusion is drawn that the x's are really larger (or smaller) than the y's. If, on the other hand, the test statistic does not exceed the rejection limit, *no conclusion* is drawn: the experimental data are in this case insufficient to decide the question whether the x's are really larger (or smaller) than the y's.

In statistical conclusions we always have to admit a certain *error probability*. The rejection limit dependes on the error probability or *level* of the test.

Our tables are computed for the usual levels 5%, 2% and 1% in the case of two-sided application. In one-sided testing the error probabilities are only $2\frac{1}{2}$%, 1% and $\frac{1}{2}$%.

The most important possibilities for applying the tables are:

1. one-sided testing, error probability $2\frac{1}{2}$%
2. two-sided testing, error probability 5%
3. one-sided testing, error probability 1%
4. two-sided testing, error probability 1%.

If a test leads to a decision on the 5% level (case 1 or 2) the conclusion may be regarded as *probable*. On the 1 per cent level (case 3 or 4) the conclusion may be called *nearly certain*.

The X-Test

After having observed the values $x_1, \ldots, x_g$ and $y_1, \ldots, y_h$, write these $g + h = n$ values in ascending order and give them rank numbers r, ranging from 1 to n.

Now compute for every observation the number $\Psi\left(\frac{r}{n+1}\right)$. If n is at most 50, these numbers can be taken directly from Table 2. If n exceeds 50, compute $\frac{r}{n+1}$ to 3 or 4 decimals and read off or interpolate Ψ in Table 4. If $\frac{r}{n+1}$ is less than $\frac{1}{2}$, the Ψ-value is negative, if larger, positive.

Write the Ψ-values in 4 columns: in the first and second column the negative and positive Ψ-values belonging to the x's, in the third and fourth column the negative and positive Ψ-values belonging to the y's. The sum of the Ψ-values in the first two columns is X, the sum of the last two columns is Y. As a check on the calculation, we have

$$X + Y = 0.$$

Now if X exceeds the limit X_β taken from table 3 or 5, the conclusion is, that the x's are larger than the y's. If Y exceeds the same limit, the y's are larger than the x's. In one-sided testing one considers only X or only Y.

If the difference $g-h$ does not exceed 5 and if the sum $n = g + h$ does not exceed 50, the limit X_β can be taken directly from Table 3. In higher cases X_β is computed according to the formula

(1) $$X_\beta = f \cdot \sqrt{\frac{gh}{n-1}} \, Q,$$

where f is found from Table 1 and Q from Table 5. Fourplace logarithms are sufficient, since only 2 decimals of X_β are needed.

What to do with equals among the x and y?

Case 1. If two or more x's are equal, there is no difficulty. If e.g. two equal x's have rank numbers r and $r+1$, the terms

$$\Psi\left(\frac{r}{n+1}\right) \quad \text{and} \quad \Psi\left(\frac{r+1}{n+1}\right)$$

are written, as usual, in the first or second column.

Case 2. If an x equals a y and if we have the rank numbers r and $r+1$ at our disposal for these two observations, we form the sum

$$S = \Psi\left(\frac{r}{n+1}\right) + \Psi\left(\frac{r+1}{n+1}\right)$$

and write $\tfrac{1}{2}S$ in the first or second column (according as it is negative or positive) as a term of X, and again $\tfrac{1}{2}S$ in the third or fourth column as a term of Y.

Case 3. If several x's are equal to several y's, the procedure is similar. Let the numbers of equal x's be a, and of y's, b. Let the available rank numbers be $r, r+1, \ldots, r+c-1$ with $c = a+b$. Form the sum

$$S = \Psi\left(\frac{r}{n+1}\right) + \Psi\left(\frac{r+1}{n+1}\right) + \cdots + \Psi\left(\frac{r+c-1}{n+1}\right)$$

and write in the first or second column

$$\frac{a}{a+b} S$$

and in the third or fourth column

$$\frac{b}{a+b} S.$$

The sign test

After having observed the values $x_1, \ldots, x_g$ and again, for the same individuals, $y_1, \ldots, y_g$, form the differences

$$x_1 - y_1, \; x_2 - y_2, \; \ldots, \; x_g - y_g.$$

Let the number of non-zero differences be n. Now count how many among these n differences are positive and how many negative. Let the number of positive differences be p (= plus), the number of negative ones m (= minus). If p and m lie outside the limits k and $n-k$ of Table 6, the conclusion is that the x's are really larger or smaller than the y's. If they lie inside or coincide with the limits, no conclusion is drawn. In the case of one-sided testing a conclusion is drawn only if p exceeds m, or only if m exceeds p.

Example for the X-test

In a feeding experiment on 10 mice of one litter the weight of 7 mice fed without a certain vitamine was after 20 days

$$\overset{3}{23},\; \overset{1}{17},\; \overset{5}{26},\; \overset{8}{30},\; \overset{4}{24},\; \overset{2}{22},\; \overset{6}{27} \text{ g}.$$

The remaining 3 mice got normal food. Their weight after 20 days was

$$\overset{7}{29},\; \overset{10}{37},\; \overset{9}{33} \text{ g}.$$

In judging this experiment, the only thing that matters is, whether the mice fed with normal food are really better off. So the one-sided test may be applied.

If the mice are ranked according to increasing weights, they get rank numbers written in small type above their weights. The Ψ are, according to Table 2,

— 0,60	+ 0,60	+ 0,35
— 1,34	+ 0,11	+ 1,34
— 0,11		+ 0,91
— 0,35		
— 0,91		
$X = -3{,}31 \;\; +0{,}71$		$Y = 0 \;\; +2{,}60$
$= -2{,}60$		$= +2{,}60$

According to Table 3, the one-sided $2\tfrac{1}{2}\%$-limit for X or Y is 2,30, the one-sided 1%-limit 2,80. So the influence of the vitamine on weight is only probable.

Example for the sign test

In a well-known experiment of A. R. CUSHNY and A. R. PEEBLES (see STUDENT's famous paper The probable error of a mean, Biometrika **6**, p. 1) the sleep of 10 patients was measured without and after treatment with D. or L. hyoscyamine hydrobromide. The average number of hours' sleep gained by the use of the drug is tabulated below.

Patient	D	L	Sign of difference
1	+0,7	+1,9	+
2	−1,6	+0,8	+
3	−0,2	+1,1	+
4	−1,2	+0,1	+
5	−0,1	−0,1	0
6	+3,4	+4,4	+
7	+3,7	+5,5	+
8	+0,8	+1,6	+
9	0,0	+4,6	+
10	+2,0	+3,4	+

The number of non-zero differences is $n=9$. In Table 6 one finds as the two-sided 1%-limits for $n=9$ the numbers 1 and 8. Since more than 8 differences are positive, the difference between D and L is almost certain.

If the sign of D or of L only is considered, the conclusion would be that L is probably soporific and that we can say nothing about D.

MIX
Papier aus verantwortungsvollen Quellen
Paper from responsible sources
FSC® C105338

If you have any concerns about our products,
you can contact us on
ProductSafety@springernature.com

In case Publisher is established outside the EU,
the EU authorized representative is:
**Springer Nature Customer Service Center GmbH
Europaplatz 3, 69115 Heidelberg, Germany**

Printed by Libri Plureos GmbH
in Hamburg, Germany